U0281561

新型综合交通与地下空间规划设计丛书

大型民航枢纽

综合交通规划与设计

刘 艺 朱善平 等编著

中国建筑工业出版社

审图号：GS 京（2025）0232 号

图书在版编目（CIP）数据

大型民航枢纽综合交通规划与设计 / 刘艺等编著. - 北京：中国建筑工业出版社，2025. 4. --（新型综合交通与地下空间规划设计丛书）. --ISBN 978-7-112-30554-4

Ⅰ. TU248.6

中国国家版本馆 CIP 数据核字第 2024D1Z866 号

责任编辑：刘　静　徐　冉
版式设计：锋尚设计
责任校对：赵　力

新型综合交通与地下空间规划设计丛书
大型民航枢纽综合交通规划与设计
刘　艺　朱善平　等编著
*
中国建筑工业出版社出版、发行（北京海淀三里河路 9 号）
各地新华书店、建筑书店经销
北京锋尚制版有限公司制版
临西县阅读时光印刷有限公司印刷
*
开本：787 毫米×1092 毫米　1/16　印张：12¾　字数：239 千字
2025 年 2 月第一版　　2025 年 2 月第一次印刷
定价：**139.00** 元
ISBN 978-7-112-30554-4
（43979）

序　新时期民航枢纽建设

十余年来，随着国内经济的高质量发展，航空客流得以快速发展，民航机场的新增和扩容建设迎来发展高潮。国内吞吐量排名前十的机场基本均进行了一轮改扩建，部分城市还新建了第二机场，如上海浦东国际机场新建卫星厅及T3航站楼、广州白云国际机场新建T3航站楼、西安咸阳国际机场新建T5航站楼、新建北京大兴国际机场、新建成都天府国际机场等。上海市政工程设计研究总院（集团）有限公司（简称上海市政总院）在此过程中，有幸参与了上海虹桥国际机场与浦东国际机场、西安咸阳国际机场、厦门翔安国际机场、郑州新郑国际机场、杭州萧山国际机场等一大批枢纽型机场的新建和改扩建工程项目，在枢纽机场的配套交通设施规划设计领域积累了宝贵经验。

在四型机场理念的指引下，近些年我国机场建设呈现出几个明显的发展趋势。一是规模大型化，部分机场新建航站楼单楼面积超过70万m^2，部分机场设计总客流吞吐量超过1亿人次，且呈现多跑道、多航站楼布置，交通疏解的压力大幅度增加。二是枢纽综合化，很多机场由单一的机场枢纽转变为综合对外交通枢纽，部分大型机场引入了高速铁路线路，空铁联运，相互补充，增强了机场的辐射能力，还有些机场从发展货运交通的角度，充分借用区位优势，引入码头或铁路货运站，构建了更具竞争力的货运交通体系。三是港城一体化，由机场建设拓展为航空城市建设，充分利用机场的交通便捷优势，发展依托机场枢纽的特色产业，形成空港与航空城相互融合的新型城市空间，提升机场周边土地利用价值和城市核心竞争力，实现了从城市枢纽到枢纽城市的转变。以上发展趋势给机场的陆侧交通系统和区内交通系统都带来新的挑战。

过去，相关著作对机场的航站楼规划设计讨论较多，而对机场的陆侧综合交通系统的研究和总结相对较少。本书主要结合国内外案例和国内机场的新发展趋势，并依托上海市政总院的工程实践，对大型民航机场的空铁一体枢纽布局、多航站楼交通组织规划、综合交通中心规划、场内交通规划、停车设施与交通场站规划、场外交通规划及货运交通规划展开系统性探讨，希望能为我国的机场枢纽发展贡献绵薄之力。

目　录

1
概述

进入21世纪以来，我国的航空运输业呈现持续快速发展的态势，尤其是实施民航强国战略以来，我国民航业的综合实力显著增强，航空运输总量稳居世界第二；枢纽机场作为民航运输网络中最重要的节点，承担着超过80%的国内航空吞吐量，保证枢纽机场的高效运转是航空运输业高质量发展的关键。

系统完备的综合交通设施是枢纽机场高效运行的有力保障，因此在枢纽机场规划设计中，除了需要重点关注空侧、航站楼相关设施外，综合交通设施作为枢纽机场中重要基础设施之一理应引起重视。

枢纽机场的综合交通规划设计非常复杂，不同于城市道路或公路等工程项目有明确的设计规范可以遵循、有准确完备的评价体系，各家设计院在开展枢纽机场综合交通规划设计时，主要依靠类似项目及各单位设计师的经验开展相关工作，无明确设计规范可遵循，项目总结也是一案一例。

国内目前出版发行的民航规划设计类书籍以空侧及航站楼相关内容为主，主要聚焦航空吞吐量预测、跑道及滑行道规划、空侧管理、飞行程序、航站楼、机位规划等内容，对综合交通的规划设计一般均归于配套工程中进行描写和叙述，综合交通相关内容的系统性及专业性均不足。基于此背景，本书聚焦大型枢纽机场综合交通这一领域，以期相关编写成果能够囊括综合交通规划中各子项系统规划内容，做到专业性及系统性。

1.1 综合交通规划设计的主要内容

枢纽机场综合交通规划设计是一个综合系统工程，包含高（快）速路交通、城市道路交通、轨道交通、铁路交通、捷运等各种类的交通形式。以枢纽机场核心区车行交通为例，核心区车行交通有其自身复杂性及特殊性。复杂性体现在，为保障机场各功能区有序运营，车行交通一般分送客流程、接客流程、车库流程、运营车辆流程、贵宾流程、回场流程等，单个流程又分多条流线，大型航空枢纽陆侧交通流线可达100条以上，有序处理好各流程是一个复杂工程；特殊性体现在，枢纽核心区域内交通不同于一般市政道路中的灯控交通或快速路交通，多数交通流程处于低速连续流状态，并存在落客、接客、二级蓄车等多种车辆状态。

以上还只是核心区车行交通这一单一交通形式，枢纽机场综合交通规划中外围高（快）速路规划、轨道交通规划、空铁联运规划、港城一体化规划、枢纽换乘中心规划、停车规划等每个规划均是一个系统工程，各子系统还存在相互关联及嵌套，必须在规划中做到协调统一，才能最终形成一个完整的综合交通系统。

本书聚焦枢纽机场综合交通规划设计这一领域，在分析枢纽机场各种改扩建模式的基础上，提出目前枢纽机场综合交通规划发展面临的“构建高效公共交通、空铁一体化、港城一体化、四型机场建设”等相关发展趋势要求。

在编写过程中根据不同枢纽各自特征及不同交通类型特点，将枢纽机场综合交通规划细分为空铁一体化枢纽布局规划、多航站楼交通组织规划、综合交通中心规划、场内交通规划、机场停车设施及交通场站规划、场外交通规划、货运区交通规划等内容，针对上述内容中相关规划设计要点进行了详细论述，从而形成了相应章节。

本书在编写过程中，除了对综合交通规划及设计要点进行归纳总结外，同时收集了部分国内外枢纽机场相关规划案例，重现了部分枢纽机场在前期综合交通规划设计阶段的历程，保证了本书的可读性及专业性。

1.2 民航机场的分类分级

1.2.1 基本定义

作为公共基础设施的民用机场可划分为运输机场和通用机场。通用机场是指供民用航空器从事公共航空运输以外开展民用航空活动而使用的机场，主要强调传统的工农作业活动。

民用运输机场是指可以供运输旅客或者货物的民用航空器起飞、降落、滑行、停放以及进行其他活动的划定区域，主要供公共航空运输活动使用，也可以供通用航空活动使用。民用运输机场包括一系列的建筑，主要有跑道、塔台、停机坪、航站楼、停车场、陆侧交通设施等，大型机场还可能有地勤服务专用场所、场内运输设施、维修区域、储油库等。

本书主要针对民用运输机场（简称运输机场）开展相关研究。

1.2.2 几种分类方法

民用运输机场的分类分级是一个系统的工程，根据国家相关管理条例及规范，依据不同标准或不同功能，机场可进行相应分类分级的划分。针对枢纽机场这一概念，简要介绍以下几种分类分级方法。

1. 按照定位和作用分类

民用运输机场按照定位和作用可分为枢纽机场、干线机场和支线机场，根据原中国民用航空总局2008年印发的《关于加强国家公共航空运输体系建设的若干意见》，北京首都国际机场、上海浦东国际机场、广州白云国际机场三大机场为大型门户复合枢纽机场，昆明、成都、西安、重庆、乌鲁木齐、郑州、沈阳、武汉八大机场为区域枢纽机场，深圳、杭州、大连、厦门、南京、青岛、呼和浩特、长沙、南昌、哈尔滨、兰州、南宁等省级行政区机场、副省级城市机场为干线机场，其余机场可归为支线机场。

随着民航事业的发展，机场的定位也随之变化，2013年国务院印发的《促进民航业发展重点工作分工方案》中，将昆明、乌鲁木齐机场列为门户枢纽机场，杭州、长沙机场列为区域枢纽机场。

2. 按照旅客吞吐量分类

按照机场的旅客吞吐量，可将机场划分为大型机场、中型机场和小型机场。在普遍的认知及相关宣传中，中国机场一般以年旅客吞吐量1000万人次作为大型和中型机场的分界线，100万人次作为中型和小型机场的分界线。

2007年，原中国民用航空总局和国家发展改革委联合发布《民用机场收费改革方案》，其中规定了机场分类目录，按照民用机场的业务量，将全国机场划分为三类：一类1级机场与一类2级机场、二类机场、三类机场。

一类机场，是指单座机场换算旅客吞吐量占全国机场换算旅客吞吐量的4%（含）以上的机场，其中国际及港澳航线换算旅客吞吐量占其机场全部换算旅客吞吐量的25%（含）以上的机场为一类1级机场，其他为一类2级机场；二类机场，是指单座机场换算旅客吞吐量占全国机场换算旅客吞吐量的1%（含）至4%的机场；三类机场，是指单座机场换算旅客吞吐量占全国机场换算旅客吞吐量的1%以下的机场。

按照2016年全国机场10.16亿人次的旅客吞吐量计算，一类机场的年吞吐量在4000万人次以上，包括北京、上海浦东、广州、成都、昆明、深圳共六座机场；二类机场年旅客吞吐量在1000万人次以上，共包括上海虹桥等其余22座进入千万机场俱乐部的机场；年旅客吞吐量在1000万人次以下的都划为三类机场。

3. 按照航站楼规模等级划分

随着近年来国内机场吞吐量的快速提升，国内机场的分类分级标准也在动态调整。2020年11月中国民用航空局发布了国家行业标准《运输机场总体规划规范》（MH/T 5002—2020），对1999年发布的《民用机场总体规划规范》（MH 5002—1999）进行全面修订。该标准明确，机场按年旅客吞吐量规模分为超大型机场、大型机场、中型机场、小型机场，形成以下的机场等级划分，如表1–1所示。

机场按年旅客吞吐量规模分类 表1–1

机场等级	年旅客吞吐量P（万人次）
超大型	$P \geqslant 8000$
大型	$2000 \leqslant P < 8000$
中型	$200 \leqslant P < 2000$
小型	$P < 200$

除按以上主要指标进行分类外，民航运输机场还有其他很多分类分级方法，如按照航站楼规模等级、飞行区等级、航线目的地进行划分等。

从以上机场分类分级可知，本书中枢纽机场一般指吞吐量超过2000万人次/年的机场，或者定位在干线机场及以上的机场。

1.3 机场相关术语

本节选取部分机场专用术语进行名称解释，希望读者对机场专用术语有相应的认识。

旅客航站区：是指机场内以旅客航站楼为中心，包括旅客航站楼建筑和车道边、停车设施及地面交通组织所涉及的区域，通常简称航站区。

货运区：是指机场内以航空货运站为中心，包括货机坪（仅在有货机运输的机场设置）、货运库及办公等建筑、空运货邮集散场地以及地面交通组织设施所涉及的区域。

工作区：是指机场的功能区之一，主要是生产辅助设施、综合保障设施、综合办公及公用设施等布置的区域。

空侧：机场内的飞机活动区、与其连通的场地和建筑物，为航空安全保卫需实施通行管制和检查的隔离区域。

陆侧：机场内对应于空侧以外的区域。

旅客航站楼：为乘坐航空器的旅客办理进出港手续并提供相应服务保障的机场建筑物，简称航站楼。

航站楼构型：旅客航站楼与站坪停机位共同形成的特定的平面布局组合形式，体现了航站楼及其空侧、陆侧之间的连接关系。可选用前列式（也称线型式）、指廊式、卫星式、远机位（摆渡车）式等基本构型，也可以是多种基本构型的混合或者变形。

卫星厅：候机厅和航站主楼分开，通常以地面、地下或架空的通道相连接，一个或数个候机厅围绕主楼，如同卫星一样。乘客在航站主楼安检后通过捷运系统或者摆渡车到达卫星厅候机，适用于中转旅客多的枢纽机场。

综合交通中心（GTC）：以集散多元化地面交通为主的交通枢纽建筑。在其内部集成铁路（包括地铁、轻轨、城际铁路、捷运等）车站、长途或公共汽车车站、旅游大巴车站、停车和商业等设施。其区别于空中交通，也称为地面交通中心。

机场旅客吞吐量：是指报告期内乘坐飞机进出机场的旅客人数，成人和儿童均按一人计算，婴儿不计人数，以人次为单位。

车道边：旅客航站楼前供陆侧旅客及行李上下的区域。

中转旅客：指旅客由某一航班到达本港转乘另一航班离港。

机场陆侧集疏运系统：指满足机场旅客、货物等运输对象集合及疏散的陆侧运输系统，一般包括道路、铁路、货运等系统。

2

枢纽机场案例与发展趋势分析

不同航空枢纽虽然在规划阶段关注点和侧重点有所不同，但是最终的目的都是使航空枢纽的服务能级、运营效率、服务水平等达到目标水平。本章通过梳理国内及国际机场相关案例，对既有案例进行总结，对目前国内外机场建设模式及发展趋势进行分析。

2.1 案例分析

大型航空枢纽的规划是众多参与者智慧的结晶，通过阅读不同枢纽的规划设计情况，可以侧面感受规划参与者及决策者在前期开展的大量工作，为继续开展新的枢纽规划建设提供了很好的案例对比及思考空间。

2.1.1 国内机场案例

1. 北京大兴国际机场

北京大兴国际机场（图2-1）定位为世界级航空枢纽，按照近期目标年机场旅客吞吐量7200万人次、货邮吞吐量200万t、飞机起降量63万架次的目标设计，北京大兴国际机场于2019年9月25日正式通航。

图2-1 北京大兴国际机场平面图

北京大兴国际机场航站楼主楼规模为70万m²，航站楼北侧为交通中心和停车楼，停车楼被分成两部分，分别位于交通中心东、西两侧。国内旅客流程采用进出港混流，国际旅客流程则采用进出港分流（图2-2）。

北京大兴国际机场核心区道路由进离场道路、航站区道路及工作区道路组成（图2-3）。北京大兴国际机场是国内首座采用双出发层布置的大型枢纽机场，双层出发即航站楼采用双出发层模式，国内、国际出发大厅分别位于主楼三层、四层，陆侧交通相应设置有双层出发车道边，其中上层采用“2+3+4”车道布置，下层采用“3+3”车道布置。

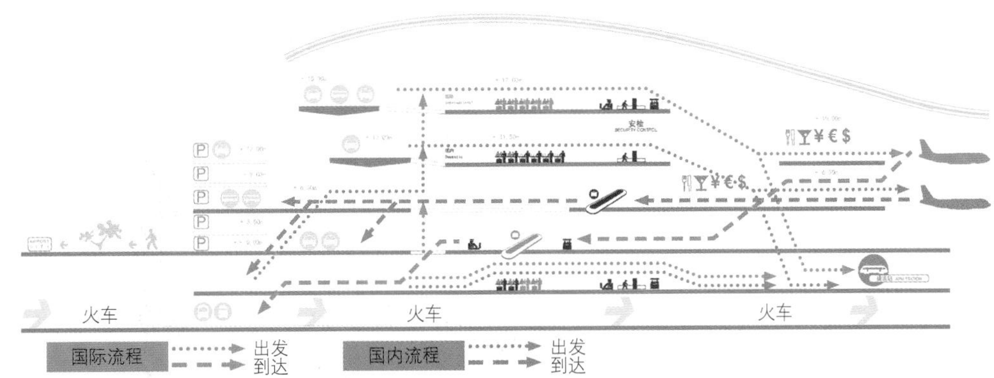

图2-2 北京大兴国际机场航站楼楼层功能示意图
来源：中国民航机场建设集团公司. 北京新机场工程可行性研究报告[R]. 2014.

图2-3 北京大兴国际机场陆侧交通系统平面示意图

北京大兴国际机场的综合交通中心建设充分考虑了陆侧道路、轨道交通系统和主航站楼的布局形式，工程规模为8万m^2，地下2层、地上2层，本期接入大兴机场线、廊涿城际铁路，远期还将接入地铁R4线、R5线和京九客运专线等。

北京大兴国际机场内的停车需求在规划之初便是交通设施中的重中之重，交通中心东、西两侧的停车楼总建筑面积25万m^2，主要供私家车和大巴停车使用，同时一层局部作为出租车调度区。

远端停车场位于航站区北侧，主要为出租车蓄车及大巴等大型车过夜停车使用。远端停车场的建设采取滚动发展的原则，初期建设13万m^2，后续随着停车需求的增长再逐步扩大停车场的使用规模。

2. 上海虹桥综合交通枢纽

2019年上海虹桥综合交通枢纽（简称上海虹桥枢纽）（图2-4）年旅客吞吐量达到4563万人次，全国排名第八，包括T1、T2两座航站楼。由T2航站楼、磁悬浮车站、铁路虹桥站及东、西两大交通换乘广场组成的虹桥枢纽设计日旅客吞吐能力达到110万人次（图2-5）。

上海虹桥枢纽T1航站楼总面积12.73万m^2，设计年旅客吞吐能力为1000万人次，T1航站楼于2012年启动升级建设，并于2018年竣工启用。T1航站楼设置一套出发系统，位于航站楼东侧，设置2组车道边，采用“2+3”车道布局。

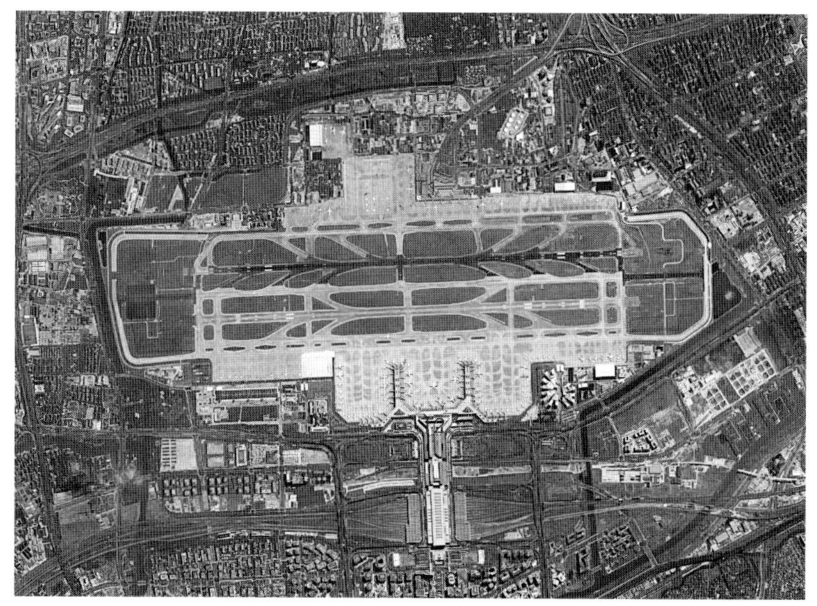

图2-4　上海虹桥枢纽总平面图

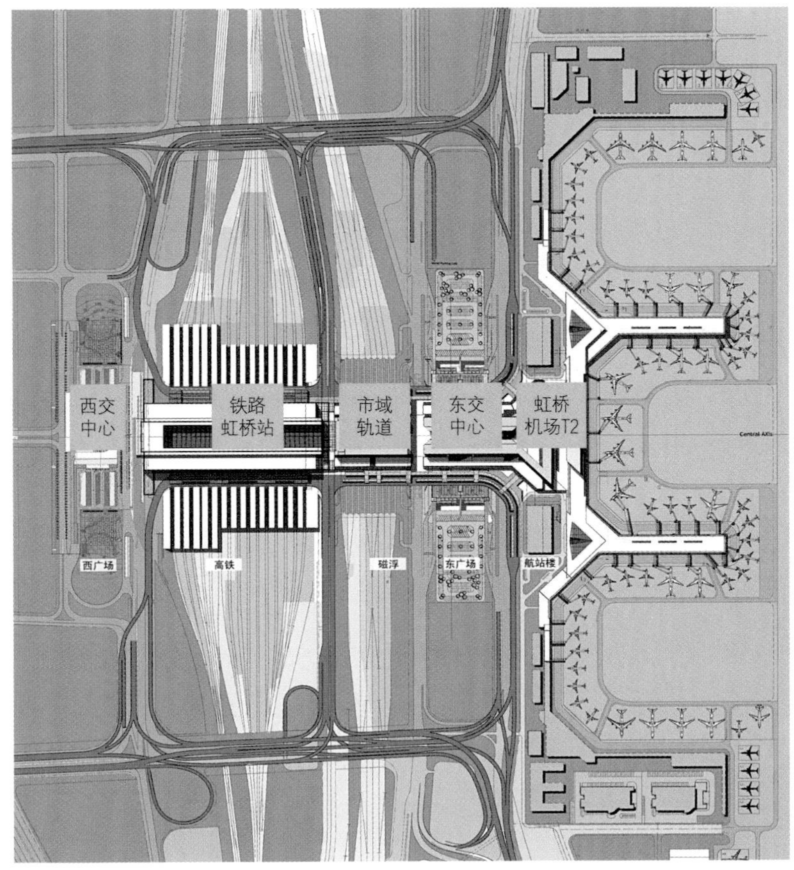

图2-5 上海虹桥枢纽平面示意图

上海虹桥枢纽T2航站楼总面积为35.26万m^2，设计年旅客吞吐能力近期为2100万人次，远期可满足3000万人次。上海虹桥枢纽T2航站楼设置两套出发系统，分别位于航站楼的南、北侧，均设置2组车道边，采用“3+4”车道布局。

东交通换乘广场主要服务T2航站楼及磁悬浮车站，它主要由室外停车场、停车楼、地铁站、公交车站及换乘中心组成，在东交通中心地下一层布置了地铁虹桥东站站厅，共规划接入2号线、10号线、5号线、17号线和青浦线5条轨道交通线路。T1、T2航站楼之间的交通联系主要由地铁10号线提供，该地铁线同时也是T1航站楼的轨道交通配套设施。

上海虹桥枢纽是国内真正意义上实现空铁联运的大型枢纽，上海虹桥枢纽T2航站楼与铁路虹桥站实现近距离换乘，通过十多年的高效运行，已经成为国内空铁联运的典范，为国内后续大型民航枢纽规划设计提供了很好的示范样本。同时，虹桥商务区是目前国内发展最好的空港商务区，为国内空港商务区的发展提供了典范。

3. 上海浦东国际机场

上海浦东国际机场（图2-6）是中国三大门户复合枢纽之一，是华东区域第一大枢纽机场，2019年的年旅客吞吐量达到7615万人次，排名全国第二。其远期规划设计年旅客吞吐能力为1.3亿人次。

上海浦东国际机场T1航站楼设置一套出发系统，位于航站楼东侧，设置2组车道边，采用“2+4”车道布局；T2航站楼设置一套出发系统，位于航站楼西侧，设置2组车道边，采用“3+5”车道布局。

上海浦东国际机场是目前国内机场空侧捷运系统最完善的机场之一（图2-7），考虑T1及T2航站楼与卫星厅S1、S2直接联系，建设旅客捷运（MRT）系统服务航站楼与

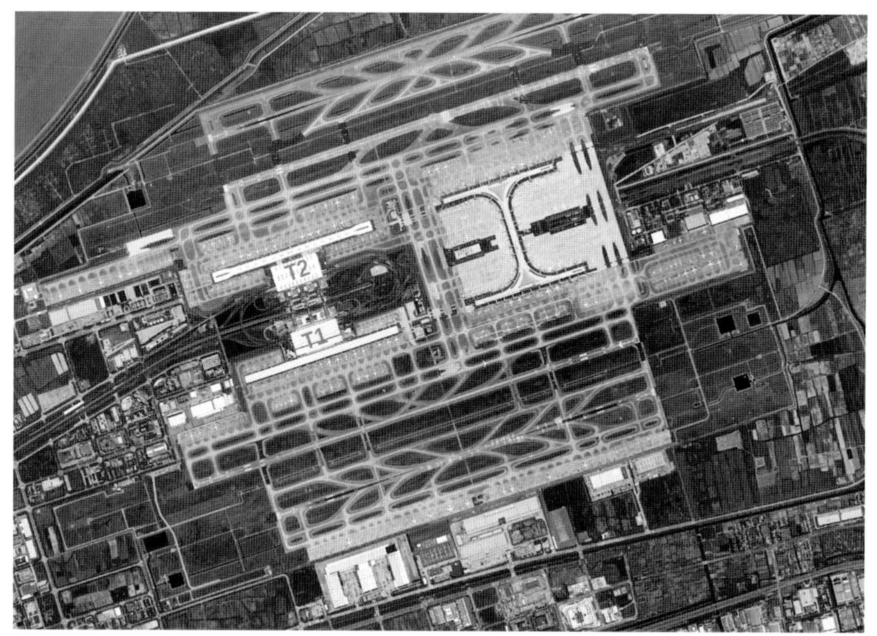

图2-6 上海浦东国际机场总平面图

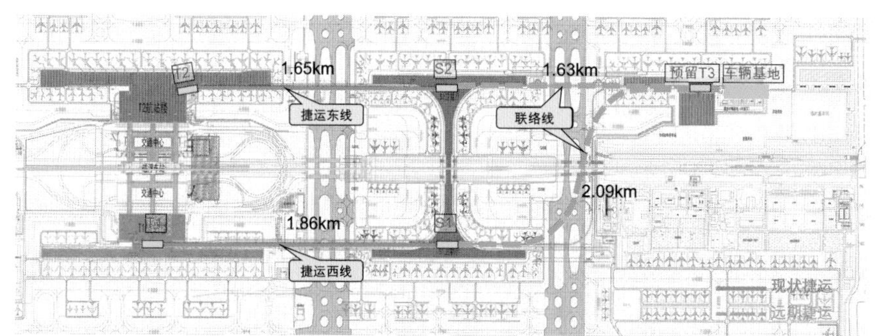

图2-7 上海浦东国际机场捷运系统示意图

卫星厅之间的旅客和工作人员。东线（T2航站楼站—S2卫星厅站）、西线（T1航站楼站—S1卫星厅站）独立运行，分别采用双线穿梭模式运行。并预留远期与T3航站楼之间的空侧联系。

4. 西安咸阳国际机场

2019年西安咸阳国际机场（图2-8）年旅客吞吐量达到4722万人次，排名国内第七、西北区域第一。作为西北区域最大国际航空枢纽，西安咸阳国际机场规划有东、西两个航站区，共同承担远期每年约1.05亿人次的航空旅客吞吐量，其中西航站区由既有T1、T2、T3共三座航站楼围合组成，承担约3500万人次旅客吞吐量；以T5航站楼为主体的东航站区，远期承担约7000万人次旅客吞吐量，T5航站楼面积约70万m^2，建成后将成为西安咸阳国际机场最主要的航站楼。

西安咸阳国际机场T5航站楼（图2-9）考虑楼内设置布局，设置双层出发系统，其中上层为主出发系统，共3组车道边，采用“2+3+3”车道布局；下层出发系统根据航站楼与GTC布局设置南、北两侧辅助出发车道边，共2组车道边，采用“3+2”车道布局。

综合换乘中心预留3条地铁线，3条地铁线均为南北平行布置；设置4台8线地下铁路站，分别为2台4线城际场及2台4线高速场。GTC地面一层设置长途大巴车站及机场大巴车站，并设置候车室；布置相应的公交及摆渡停靠点位。

航站区设置南、北两栋停车楼，外围接入双层进出系统；在停车楼靠近GTC一层设置网约车停车点及网约车车道边，满足网约车接客需求。

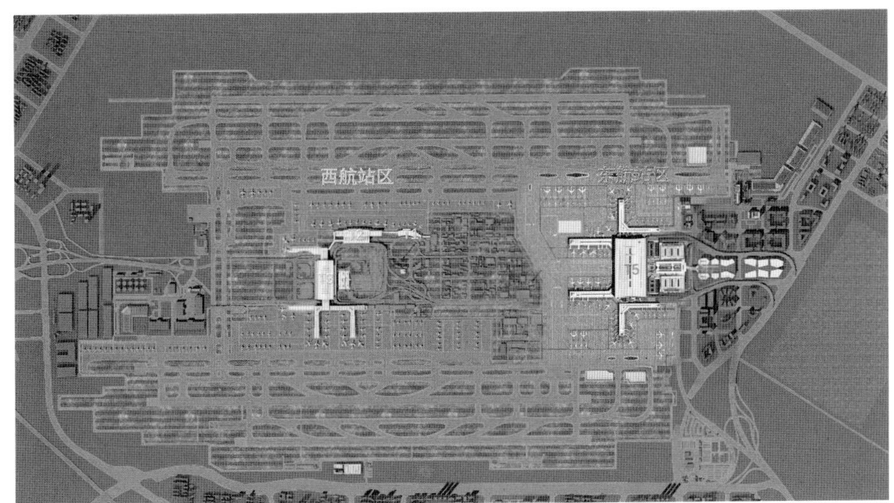

图2-8 西安咸阳国际机场总体布置示意图

图2-9 西安咸阳国际机场T5航站楼效果图

出租车设置于航站楼前地下一层接客，采用斜列式发车位，共设置18个斜列式发车位，满足高峰时段出租车发车需求。

西安咸阳国际机场东航站区建成后，东、西航站区采用“东进东出、西进西出、东西联系”的场外进出模式。东、西航站区人员沟通除考虑设置两场摆渡车外，近期可采用既有地铁14号线连接，预留的另外一条地铁线远期也考虑分别在东、西航站区设置站点以连接两个航站区；同时，设置双向六车道地下隧道穿越飞行区连接东、西航站区，满足两场之间内部车辆便捷联系；场外通过沣泾大道及进离场高架满足东、西航站区之间社会车辆的联系。

机场捷运近期主要考虑东航站楼与东卫星厅之间的空侧联系，不具备陆侧功能，远期预留接入中卫星厅及西航站区的条件。

5. 香港国际机场

香港国际机场（图2-10）位于新界大屿山赤鱲角，距香港市区34km，是世界上最繁忙的航空港之一，2018年，香港国际机场旅客吞吐量7467.2万人次，全球排名第三位，航空货运量超过500万t。香港国际机场规划2035年航空客运量达到1.2亿人次，航空货运量达到1000万t。

2022年建设并启用的第三跑道全长3800m（图2-11），同时新建T2客运廊以及相关

图2-10 香港国际机场总平面示意图

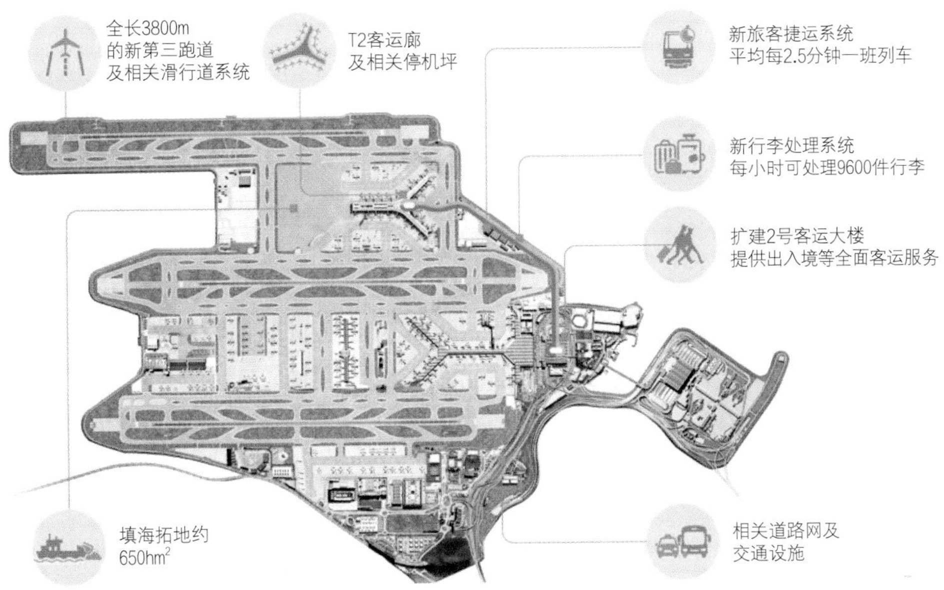

图2-11 香港国际机场三跑道系统示意图

来源：改绘自香港国际机场官方网站

停机坪，将助力香港国际机场的规模达到新的高度。

香港国际机场T1航站楼采用两组“2+2”出发车道边布局。其陆侧交通场站主要站点布设在T1航站楼南侧（图2-12）。

香港国际机场快线可实现旅客在机场与市区之间的快速集散，机场快线在T1航站楼东侧设站（图2-13），旅客步行距离较短。

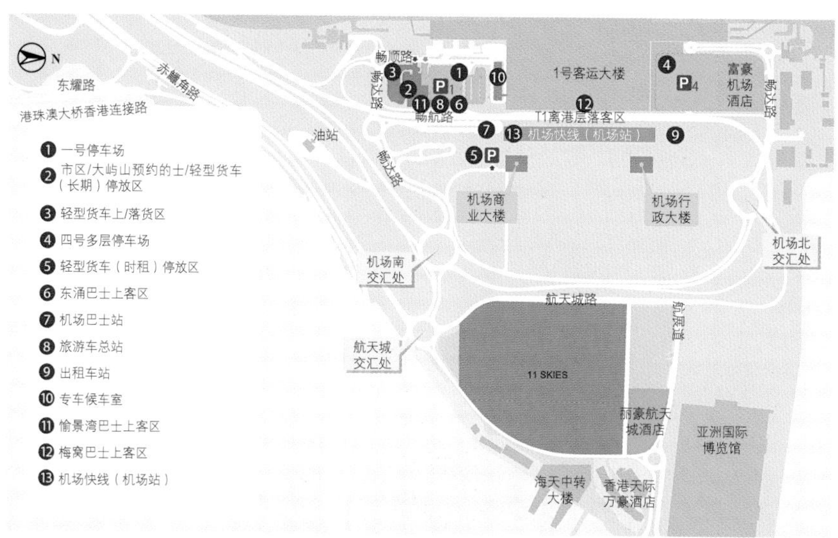

图2-12　香港国际机场陆侧交通场站总体布置示意图

来源：改绘自香港国际机场官方网站

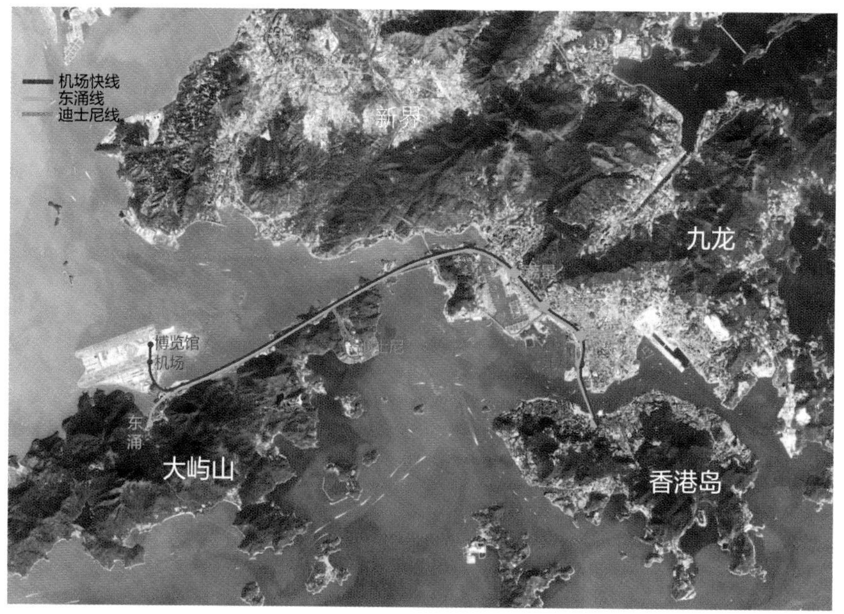

图2-13　香港国际机场快线示意图

香港国际机场的空侧捷运系统共有三条线路（图2-14），分别为T1线（1号客运大楼线）、T2线（2号客运大楼与海天客运码头线）以及RR线（中场客运大楼与1号客运大楼的折返线），三条线路均服务于国际旅客。

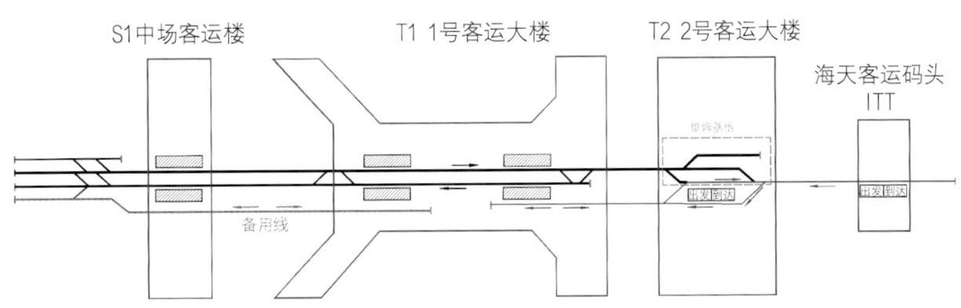

图2-14 香港国际机场捷运系统现状线路平面示意图

来源：陈睿颖，陈泽生. 香港机场APM运营与维修模式调研与思考[J]. 交通与运输，2018（4）：41.

目前在建的T2航站楼规划旅客吞吐量5000万人次/年，之后T2航站楼通过新旅客捷运系统从2号客运大楼运送至T2航站楼，实现T1航站楼—2号客运大楼—T2航站楼的全空侧运营，行李系统通过专用管廊与捷运系统共建（6仓，其中捷运系统4仓，行李系统2仓）衔接机场快线行李托运系统。

通过港珠澳大桥、屯门—赤鱲角连接路，以及海上航运的支持，香港国际机场从内地末端区位已转变成粤港澳大湾区的中心地位，未来发展潜力巨大。

2.1.2 国外机场案例

1. 新加坡樟宜机场

新加坡樟宜机场是大型国际枢纽机场，2019年的旅客吞吐量已达到6830万人次。樟宜机场占地13km^2，距离市区18.2km。樟宜机场航站区居中（位于两条跑道之间），三座航站楼呈围合式布局（图2-15）。

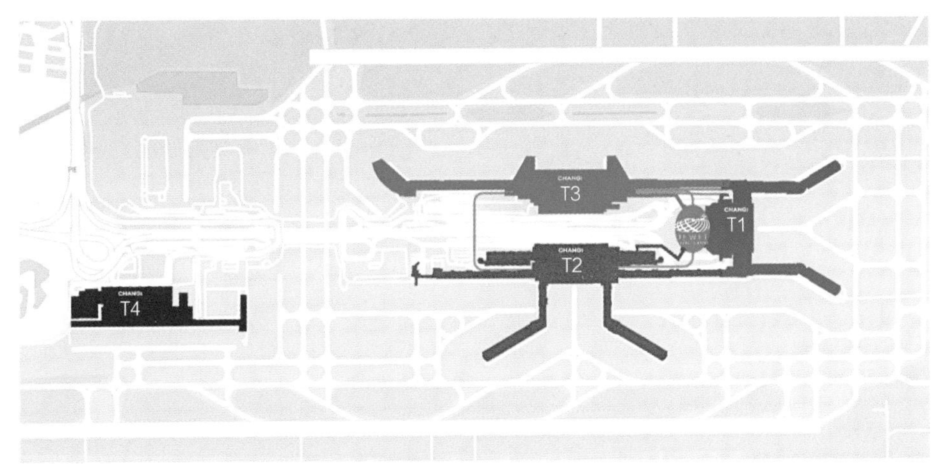

图2-15 新加坡樟宜机场总平面示意图

樟宜机场各航站楼均设有独立的出发车道边，出发交通系统都以机场大道为共同的联系纽带。T1航站楼采用“4+4”两组出发车道边布局，T2、T3及T4航站楼采用单组4车道出发车道边。

樟宜机场采用终端式布局，两条高速公路在西侧进场，地铁下穿第一跑道后进入T3航站楼。

目前旅客往返樟宜机场可通过多种交通方式（图2–16），包括捷运系统、公共汽车、私家车等。值得一提的是，新加坡有1条东西向贯穿城区的地铁线和6条公交线路连通机场，旅客的公共交通出行比例也非常高。

樟宜机场各航站楼之间设置有旅客自动输送系统（图2–17），同时该系统也兼顾了空侧旅客，旅客换乘非常方便。

未来，樟宜机场将在樟宜东开发区建设T5航站楼，其规模为现有航站楼之和，预计每年将增加5000万人次的访客容量。

---- 樟宜机场/市中心的捷运连接（MRT）

---- 樟宜机场/市中心的快速公路连接（ECP）

---- 樟宜机场/新加坡西部的快速公路连接（PIE）

---- 樟宜机场/新加坡东北部的快速公路连接（TPE）

图2–16 新加坡樟宜机场对外交通示意图

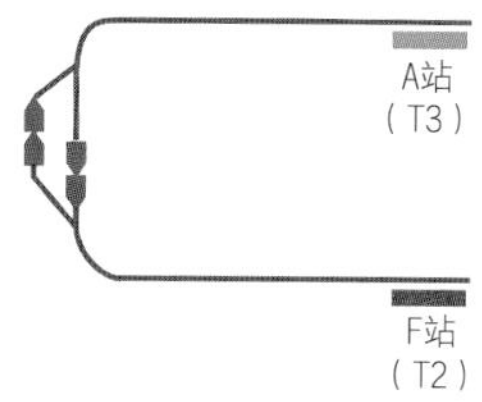

部分双向轨道

- 减少行车间隔
- 增加容量
- 比专用轨道成本效益优

图2–17 新加坡樟宜机场旅客自动输送系统示意图

2. 日本东京羽田国际机场

东京羽田国际机场（图2–18）是日本最大机场，也是重要的国际航空枢纽，西北距东京都中心17km。羽田机场2018年旅客吞吐量达到8489万人次，在日本排名第一位；

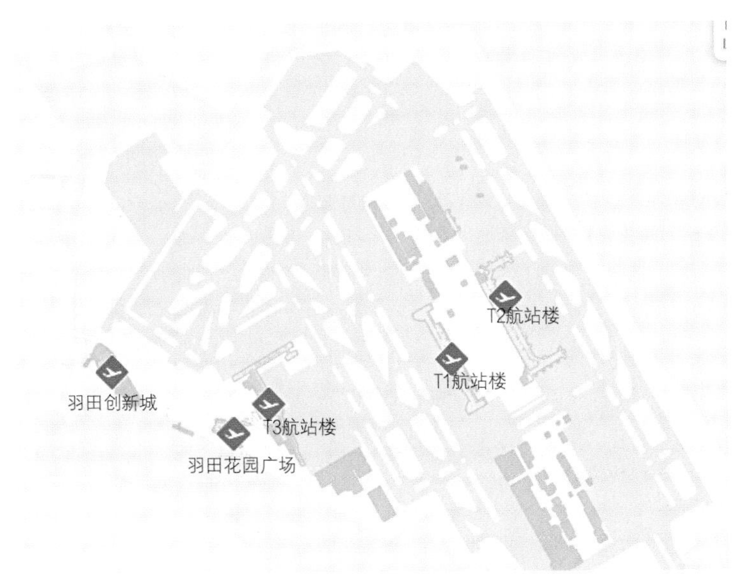

图2-18 日本东京羽田国际机场总平面图
来源：改绘自羽田国际机场官方网站

货邮吞吐量136万t，在日本排名第二位。

东京羽田国际机场T1航站楼采用一组3车道出发车道边，T2、T3航站楼则采用单组4车道出发车道边。

在轨道交通方面，羽田机场直通京急线与东京单轨电车线，串联三座航站楼并在市区衔接东京轨道交通网（图2-19）。京急线能够实现15分钟到达品川站、30分钟到达东京站、105分钟到达成田国际机场，东京单轨电车线更多服务沿线地区。

在公共巴士方面，东京羽田国际机场在东京、千叶、埼玉等方向设置众多巴士线路，其中东京方向设置36条巴士线路、千叶方向设置17条巴士线路。巴士线路在三座航站楼均设站。

出租车设置于到达层，与巴士上客点分区域布置，其中T1航站楼0号和17号区为专车车位、1号和17号区为出租车位（川崎、横滨、横须贺、三浦方向）、2号和18号区为出租车位（川崎、横滨、横须贺、三浦方向以外）。

东京羽田国际机场共设置5个停车场（图2-20），共13100个车位，并进行模块化运行。

旅客可选择免费穿梭巴士、京急线—单轨电车、地下连接通道（T1—T2）、乘客接驳巴士来实现各航站楼之间的移动（图2-21）。

东京羽田国际机场轨道交通专线衔接东京都市区轨道交通网络、快慢线区服务不

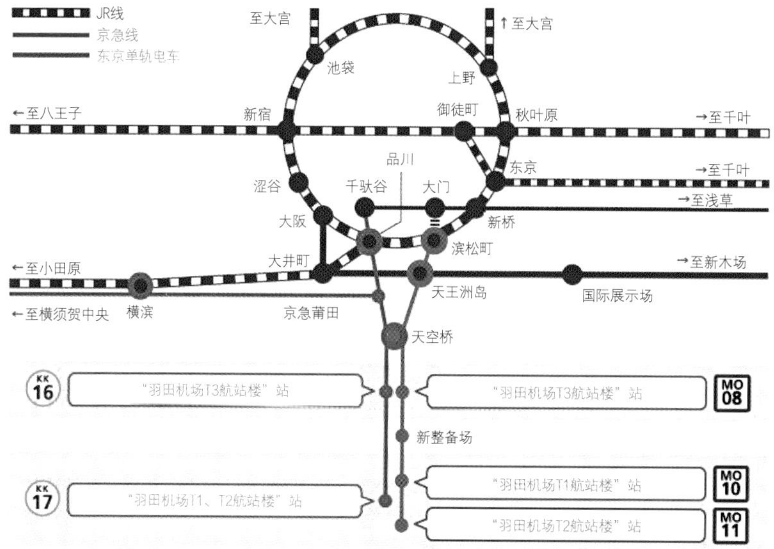

图2-19　日本东京羽田国际机场轨道交通衔接示意图

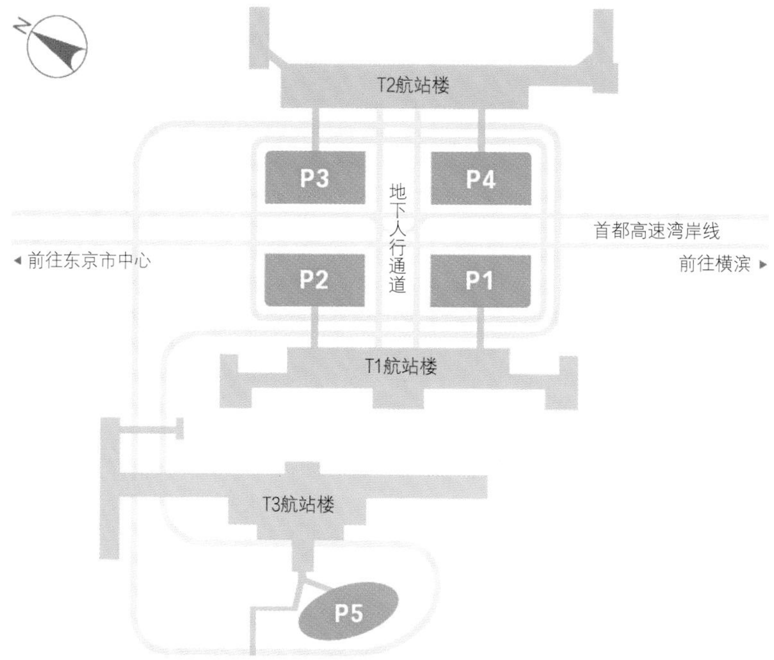

图2-20　日本东京羽田国际机场停车场布局示意图

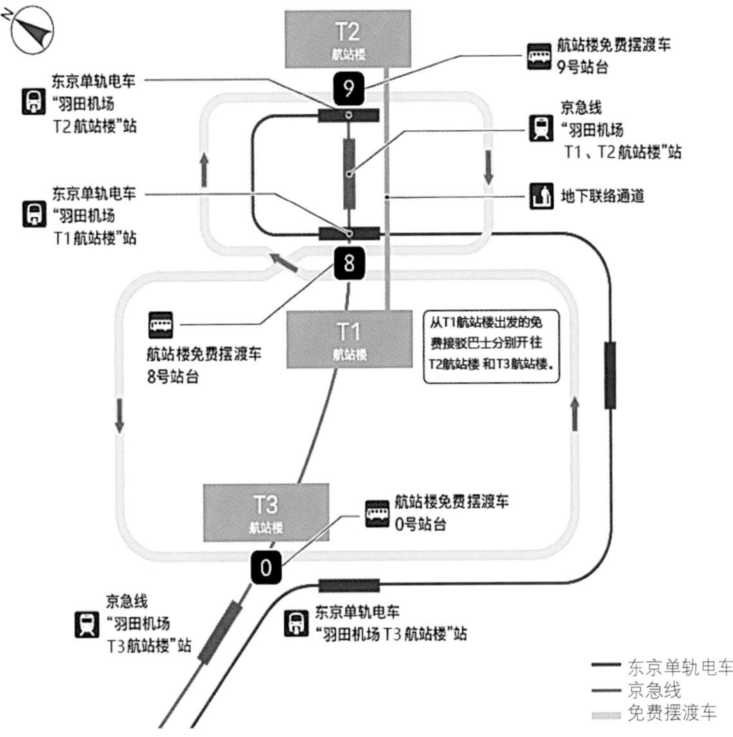

图2-21　日本东京羽田国际机场航站楼之间的交通衔接示意图

同距离需求；同时，机场巴士在市区通过紧密围绕轨道交通枢纽小半径内密集设站的方式，避免了同质化竞争，与轨道交通达成了互补性运营。

2.1.3　案例小结

1）公共交通是机场旅客集散的重要途径，每座成功的枢纽机场都接入了高效顺畅的轨道交通线路，因此在机场的规划设计阶段要重视轨道交通线路的引入研究。如机场距离市中心较远，那么需要重视快线的建设必要性；如机场距离市中心较近，则宜考虑快慢线相组合的建设模式。

2）为保障机场的运营效率和使用体验，在规划设计阶段应总体统筹协调机场内各交通设施的布局，并为未来发展做好预留，力求交通流线顺畅、各交通系统高效协同运行。

3）随着民航机场规模的扩大，单座机场一般配建多座航站楼和卫星厅，并可通过内部捷运系统串联，为旅客考虑合理的航站楼间移动路由，不仅可有效提升旅客的出行体验，更能打造成功的机场商业布局。

4）面对大吞吐量出行需求，航站楼单层出发车道边基本可以满足落客需求，部分机场通过多层出发车道边实现出发落客功能；出发车道边设计中需考虑提高通行效率及落客效率，以保障旅客出行效率。

5）临空经济区作为枢纽机场配套工程，越来越受到各机场及地方政府的重视，港城一体化发展趋势明显。

2.2 枢纽机场改扩建模式

伴随着民航出行需求的急剧增加，国内主要通过新建支线机场或改扩建枢纽机场来满足民航吞吐量的快速增长。新建支线机场以补充民航网络为主，建设规模相对较小，建设模式相对简单，综合交通的需求也相对简单，综合交通的规划设计以满足功能需求为主。枢纽机场的改扩建建设模式多样，建设规模也较大，综合交通需求较复杂，机场建设的模式对于综合交通的规划设计也非常重要，需重点说明。

对于枢纽机场来说，伴随着吞吐量的逐年上升，国内前期建设的机场大多已经达到其设计吞吐量，部分机场实际吞吐量已经超过设计吞吐量，处于超负荷运转状态；挖掘既有机场潜力、提升机场整体运力，是枢纽机场改扩建需主要解决的问题。枢纽机场的改扩建模式主要有新建卫星厅、新建航站楼、新建航站区、易地选址新建或迁建。

2.2.1 新建卫星厅模式

新建卫星厅模式一般适用于大型机场中陆侧资源比较充足、空侧停机位资源不足的情况，在早期航站楼建设时，对于陆侧设施规划设计需要考虑预留卫星厅对陆侧资源的需求。新建卫星厅对陆侧设施的改造影响较小，一般只会对配套停车等资源进行扩容，一般不涉及出发层落客车平台的改造。这种模式在建设中需要同步配套空侧捷运系统，保证主楼与卫星厅之间快速转换，以减少旅客楼内中转时间，提高卫星厅服务水平。例如，上海浦东国际机场三期扩建工程S1、S2卫星厅修建时（图2–22），同步配套了T1—S1、T2—S2之间的空侧捷运系统。

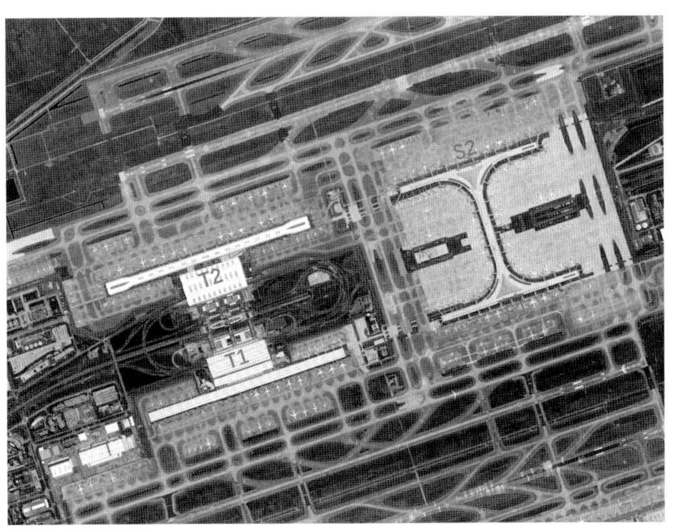

图2-22 上海浦东国际机场卫星厅平面位置图

2.2.2 新建航站楼模式

新建航站楼模式是指在既有航站楼紧邻区域建设新的航站楼，新老航站楼组成航站区，航站区内各航站楼人行通道可以相互连通，出发层落客平台必须相互独立，其他陆侧资源可以融合共享的一种模式。例如，西安咸阳国际机场T1航站楼后新建T2航站楼，之后新建T3航站楼，三座航站楼共同组成一个航站区（图2-23）。新建航站楼模式的陆侧交通规划设计复杂度最高，因为在规划设计中不仅要考虑新建航站楼陆侧交通系统的完备性，同时需要考虑与同一航站区范围内其他航站楼陆侧交通的融合设计，并要保证在陆侧交通新建的过程中既有航站楼陆侧交通系统的正常运转。

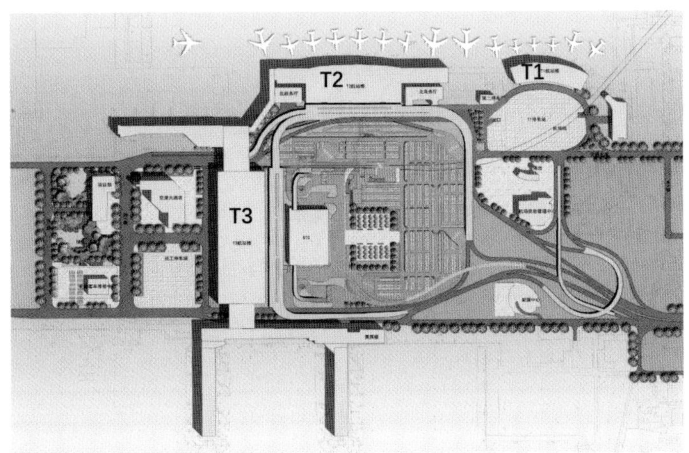

图2-23 西安咸阳国际机场T1、T2、T3航站楼平面示意图

2.2.3 新建航站区模式

在既有航站区范围外新建航站区（楼），新建航站区（楼）为一个独立的航站区，各航站区之间所有陆侧资源基本独立且完整，空侧跑道等资源基本共享，行人一般需要通过轨道交通或车辆转运才能跨航站区流动。例如，西安咸阳国际机场分为东、西两个航站区（图2-24），两个航站区内所有陆侧配套资源基本独立且完整，共享跑道等空侧资源，行人必须通过轨道交通或车辆才能在东、西航站区之间往返。新建航站区模式的陆侧交通规划设计主要考虑新建航站区陆侧交通系统的完备性，同时需兼顾新老航站区之间人行、车行、轨道交通的联系以及航站区之间进离场比例分配等问题。

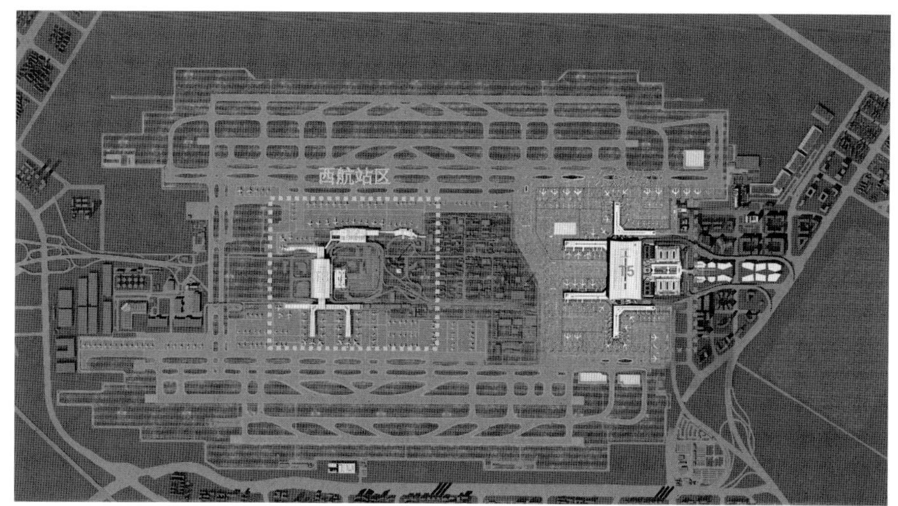

图2-24 西安咸阳国际机场东、西航站区分布示意图

2.2.4 易地选址新建或迁建模式

易地选址新建或迁建模式为在远离既有航站区的范围，新建第二机场或将整个航站区进行易地搬迁的模式。例如，北京大兴国际机场及成都天府国际机场的修建就属于易地选址新建城市的第二机场；昆明长水国际机场属于易地搬迁模式，2012年6月28日，昆明巫家坝国际机场整体搬迁至长水国际机场运营（图2-25）。易地选址新建或迁建模式就是新建一个完整的机场，完整空陆侧设施的建设，对于陆侧交通规划设计主要考虑陆侧交通系统的完备性以及外围进离场系统规划等问题。其中，新建城市第二机场应考虑两座机场之间便捷联系的需求，在综合交通规划中，两机场车行及轨道交通联系应该在规划中

图2-25 昆明新老机场选址示意图

予以考虑。

根据前文相关论述，枢纽机场的不同改扩建模式对综合交通主要相关设施的影响有较大差别，对综合交通设施是否需要配合机场进行改扩建做相应总结，如表2-1所示。

不同改扩建模式对综合交通设施影响总结　表2-1

综合交通设施影响	新建卫星厅	新建航站楼	新建航站区	易地选址新建或迁建
出发车道边	不扩建	新建	新建	新建
综合交通中心	不扩建	可扩建	新建	新建
停车设施	可扩建	应扩建	新建	新建
场外道路	不扩建	应扩建	新建	新建

2.3 枢纽机场发展趋势

枢纽机场相关的趋势发展表明了一段时间内枢纽规划面临的主要矛盾及需要着重解决的问题，研究枢纽机场的发展趋势可以对枢纽的规划起到前瞻作用，结合案例分析及思考，总结枢纽机场综合交通以下发展趋势。

2.3.1 构建高效公共交通的发展趋势

机场作为大型公共门户枢纽，构建高效的公共交通以满足大量人流集散是必然要求。国内机场根据所在城市发展水平以及距离市区的远近，采用了多种类多形式的公共交通设置方式，最终目的均是提高公共交通出行分担比例。

早期国内机场公共交通以公交车、机场大巴及长途大巴等形式为主，其中公交车满足机场周边的出行需求，一般为短距离出行；机场大巴满足机场至所在城市不同重点区域之间的出行需求，一般为中距离出行；长途大巴满足机场与其他周边县市之间的出行需求，一般为中长距离出行。上述交通出行方式均为小运量出行方式，且由于受发车间隔及到站不准点等因素的影响，旅客整体体验一般，同时受运力限制，对提高公共交通出行比例有上限限制。

轨道交通作为中大运量出行方式，可以兼顾舒适性及高效率的要求，对构建高效的公共交通具有先天优势。随着国内轨道交通的快速发展，近年来大型民航枢纽在规划时，主要考虑通过轨道交通规划设计来满足枢纽构建高效公共交通的要求，即通过轨道交通提高公共交通在枢纽到发交通出行结构中的分摊比例。

对于轨道交通规划的线路选择及制式选择不同机场应该区分对待，对于国内大多数城市边缘或远郊性机场，在轨道交通规划时除了考虑轨道交通服务的覆盖范围，同时还应充分考虑时效性要求。在轨道交通规划中应考虑“快慢线结合”形式，快线用于联系机场与市中心或主要功能区，宜满足一人一座及行李摆放要求，慢线（常规轨道交通）用于服务机场与周边开发形成的紧密联系，以通勤交通为主。因此，除了常规速度的城市地铁线路外，机场轨道交通快线在规划中应予以充分考虑，可根据机场的不同发展阶段分阶段实施。

国内大型民航枢纽规划中，应充分重视轨道交通规划，同时优化公交、机场大巴、长途大巴等多种公共交通出行方式的规划设计，最终实现构建高效公共交通这一目的。

2.3.2 空铁一体化发展趋势

近年来随着国民经济的发展，人民群众对跨区域以及多方式的交通出行需求逐渐增大，而民航、高速铁路作为综合交通运输体系中最重要的组成部分，肩负着满足人民群众这一日益增长的交通出行需求的使命，这也对其新时代背景下的功能与模式提出了新的要求。

国内民航发展虽然近年来取得了长足进步，但是航空整体普及率仍处于较低水平，枢纽机场的分布也不均衡。国外民航运输发展较早，也较为成熟，形成了“国际枢纽机场—国内枢纽机场—支线机场”这一完整网络运输层级。国内由于地区发展的巨大差距，支线机场未形成网络运输优势，导致国内民航运输网络相对于国外缺少“支线机场”这一层级，大多数旅客通过“国际枢纽机场—国内枢纽机场”进行民航旅行。体现在数据上，即国内机场相对于国外同规模机场中转比例较低。如何发挥枢纽机场运输优势，提高航空普及率，尽量多地为旅客提供航空服务，是民航发展的重要课题。

随着国内高速铁路网络的建设，国内绝大多数城市均拥有高铁车站，部分城市拥有多座高铁车站，高速铁路网络基本形成，基本实现了公交化发车频率。高速铁路网络的普及一定程度上弥补了国内“支线机场”这一层级功能，通过“国际枢纽机场—国内枢纽机场—换乘高速铁路—其他城市高铁车站”形成出行闭环。

在此出行逻辑下，国内枢纽机场如何便捷地换乘到高速铁路，实现空铁联运成为行程中最重要的一环。广义上的空铁联运包括城市轨道交通、普通铁路、城际铁路、市域铁路、国家高速铁路、机场轨道交通专线等各种类型；狭义上仅指航空运输与铁路运输之间协作的一种联合运输方式，以机场与城际铁路、高速铁路之间的联运为主体。

当前我国的航空和铁路相对独立发展，基础设施平行建设，因此两者需要从独立、竞争发展逐步走向融合、协同发展，实现优势互补，推行空铁联运，从而满足广大人民群众的交通需求。因此，大型空铁联运枢纽逐步成为主流建设模式，是未来枢纽建设的重要发展方向。

虹桥枢纽是国内第一个枢纽机场与枢纽高铁车站直接换乘的大型综合枢纽。虹桥枢纽的成功为国内空铁联运提供了一个可参考样本，同时机场与高铁车站的相互促进作用也证实了空铁联运这一模式的巨大潜力及可持续性。

空铁联运对民航枢纽发展提出新的要求，国内进行了多种形式空铁一体化探索，如何实现高效的空铁联运也是大型航空枢纽规划时必须面对的课题，从而最终实现提高航空普及率这一目标。

2.3.3 港城一体化发展趋势

考虑噪声、限高等因素，国内机场一般位于城市远郊区域，受制于地理区位影响，机场周边发展水平长期处于较低水平，也没有系统的规划。在国内进行空港商务区系统规划之前，机场周边的临空经济区主要作为机场的配套区域进行建设，规划建设较为无序。

广义上的临空经济区根据航空枢纽规模大小、地区发展水平高低及发展阶段不同有多种说明及定义，其中机场工作区、机场配套区、临空经济区、空港商务区、航空都市区是几种常见的叫法，同时这几个名词也构成了临空经济区从无到有、从小到大的几个发展阶段。

机场工作区一般指为满足机场工作人员工作、生活需要而建设在机场内部的配套功能区域，作为机场建设的一部分，一般由机场独立建设、管理及运营。

机场配套区一般指为机场旅客及航空货物建设的配套区域，以航空酒店、物流基地等机场对口的基础性配套区域为主。在机场发展早期及航空吞吐量较小时期，机场配套区主要由机场建设；随着机场配套区的发展，相关功能外溢，超出机场自身管理能力及权限范围，地方政府开始参与机场配套区的建设。

随着国内民航运输业的快速发展，国内主要机场吞吐量快速攀升，同时伴随着对临空经济的认识及重视，各地加大了对临空经济的投入，并进一步打造空港商务区，使之成为区域经济发展的新特征。在此背景下，港城一体化发展成为大型航空枢纽与周边地区开发的新趋势。

港城一体化发展趋势中，枢纽综合交通与临空经济区综合交通之间的关系非常复杂，如何做到枢纽交通与临空交通相互独立又相互支撑是一个复杂的课题，需进行统筹考虑。

2.3.4 四型机场建设趋势

早期机场建设以保障旅客出行、提高航空分担率为主要目的，对如何在建设阶段系统地提升机场的保障能级及服务水平没有明确的要求。2019年习近平总书记出席北京大兴国际机场投运仪式时，对民航工作作出重要指示，要求建设以“平安、绿色、智慧、人文”为核心的四型机场，2020年中国民用航空局发布了《中国民航四型机场建设行动纲要（2020—2035年）》，同年发布了《四型机场建设导则》，其中“平安”是基本要求，“绿色”是重要内涵，“智慧”是创新动力，“人文”则是根本目标。

中国民用航空局提出的四型机场建设要求是针对整座机场各子系统的建设要求，针对综合交通的四型机场建设，结合《四型机场建设导则》及“韧性城市”相关要求，梳理总结如下。

1. 平安机场

平安机场建设应贯彻执行“安全第一、预防为主、综合治理”的安全方针，运用系统安全理念，围绕空防安全、治安安全、运行安全、消防安全等民航安全的基本要求，强化信息技术支撑，提高设施设备标准，丰富技术防范手段，提升人员安全管理能力，从主动防御和快速响应两个维度出发，着力于机场的安全防范能力、平稳运行能力、应急管理能力和恢复能力建设，力求建成平安的机场。

平安机场中提到的平稳运行能力及预防、抗损、恢复能力对枢纽机场综合交通的规划建设提出了更高要求，相关指标也是近期国家提出建设“韧性城市”的主要要求。针对枢纽机场综合交通领域，规划中需要建设系统完备、多系统冗余的综合交通系统，同时考虑不同交通系统之间的相互支撑作用。

2. 绿色机场

绿色机场建设应秉持绿色发展理念，科学合理规划，系统落地建设，有序管理运行；节约利用资源，加强综合管控，提高资源利用率；加大环境治理，注重环境优化，增强机场与区域环境相容性；优化能源结构，提升运行效率，减少机场碳排放，最终实现机场与区域可持续协同发展。

提高公共交通分摊比例、倡导绿色出行是枢纽综合交通规划践行绿色机场建设理念的主要措施。

3. 智慧机场

智慧机场是生产要素全方位数字化、网络化、智能化和协同化的机场，它通过先进的信息化手段充分获取机场生产和管理信息，利用人工智能、大数据、云计算等先进技术手段，实现实时、精准获取机场服务和管理信息并加以梳理、分析、加工和利用，实现生产、运行高效一体，安全管控、全景可视，航旅服务个性定制，交通枢纽高效联动，商业生态精准互动等，打造多方协同、信息共享、智能决策、态势感知的智慧机场。

枢纽综合交通的智慧措施在规划设计阶段也越来越受到重视，基于智慧城市、智慧交通、智慧出行、智慧引导理念的相关智慧基础设施在枢纽综合交通规划设计阶段落地越来越多。

4. 人文机场

人文机场建设内涵是以人为本，富有文化底蕴，体现时代精神和当代民航精神，弘扬社会主义核心价值观。建设人文机场，在机场全用户活动范围内，突出人文体验，弘扬中国精神，彰显特色文化，体现人本关怀，实现与社会不同群体的和谐发展。

枢纽综合交通践行人文机场主要是指：通过规划设计手法使枢纽交通和人的关系越来越融洽，人、车、路和谐统一，最终实现枢纽交通是为人服务的这一宗旨。

2.4 本章小结

本章主要介绍了国内外部分民航机场的建设案例，同时对民航枢纽机场的改扩建模式及其发展趋势进行了分析，主要内容总结如下。

1）对国内外典型枢纽机场进行案例分析，分别从总体规模、车道边布局、交通设施布局、捷运系统等方面进行阐述，总结案例如下。

①公共交通是机场旅客集散的重要途径，每座成功的民航机场都接入了高效顺畅的轨道交通线路，因此在机场规划设计阶段要重视轨道交通线路的引入研究。

②为保障机场的运营效率和使用体验，在规划设计阶段应总体统筹协调机场内各交通设施的布局，并为未来发展做好预留，力求交通流线顺畅，各交通系统高效协同运行。

③随着民航机场规模的扩大，单座机场一般配建多座航站楼和卫星厅，并可通过内部捷运系统串联，为旅客考虑合理的航站楼间移动路由，不仅可有效提升旅客的出行体验，更能打造成功的机场商业布局。

④面对旅客大吞吐量出行需求，航站楼单层出发车道边基本可以满足落客需求，部分机场通过多层出发车道边实现出发落客功能；出发车道边设计中需考虑提高通行效率及落客效率，以保障旅客出行效率。

⑤临空经济区作为枢纽机场配套工程，越来越受到各机场及地方政府的重视，港城一体化发展趋势明显。

2）梳理了几种典型的枢纽机场改扩建模式，主要包括新建卫星厅、新建航站楼、新建航站区、易地选址新建或迁建，并分析了不同模式对陆侧交通组织规划、配套交通设施建设的影响。

3）展望并分析了枢纽机场构建高效的公共交通、空铁一体化、港城一体化以及四型机场等建设的发展趋势。

3

空铁一体化枢纽布局规划

在枢纽机场发展趋势中提到“构建高效公共交通的发展趋势”及“空铁一体化发展趋势”，这两个发展趋势都明确表明了轨道交通（铁路及地铁）规划对枢纽机场的重大影响。本章以空铁一体化枢纽布局为主题，详细阐述各类轨道交通对枢纽机场规划的影响。

3.1 空铁联运发展现状

空铁联运作为一种战略举措，具有优化综合交通体系、促进区域内机场体系合理化发展、提升民航铁路综合服务水平及辐射能力的作用。它将铁路速度快、站点多和民航距离长、快速直达的特点结合起来，总结起来有以下六点优势。

1）强化枢纽机场腹地联系，巩固枢纽机场枢纽地位。

2）空铁互为出行支持，提高对外交通可靠性。

3）均衡机场利用率，优化空域资源利用。

4）提升公共交通吸引，缓解道路交通拥挤。

5）发展高铁车站远端值机，推进空铁一体化运营。

6）集约布置市政设施，节约土地、减少投资。

国外的空铁联运枢纽建设和运营起步较早，而我国的空铁联运还处于探索发展初期，在保障空铁高品质衔接的设施、服务及运营方面，我国的水准与国外还有较大差距，因此国外空铁联运实践对我国空铁联运的发展有很重要的借鉴意义，笔者在下面分别列举了国内外的空铁联运案例，总结国外发展经验与优势，探索我国空铁联运优化空间。

3.1.1 国外空铁联运案例

1. 德国法兰克福机场

法兰克福机场（图3-1）位于欧洲的心脏地带，是欧洲最重要的四大枢纽机场之一，在这四大机场中，法兰克福机场的货运量排名首位、客运量居于第二位。该机场位于法兰克福市中心西南方向16km处，这里汇集了德国的A3与A5高速公路、地区铁路网及国家铁路，交通运输高效便捷。

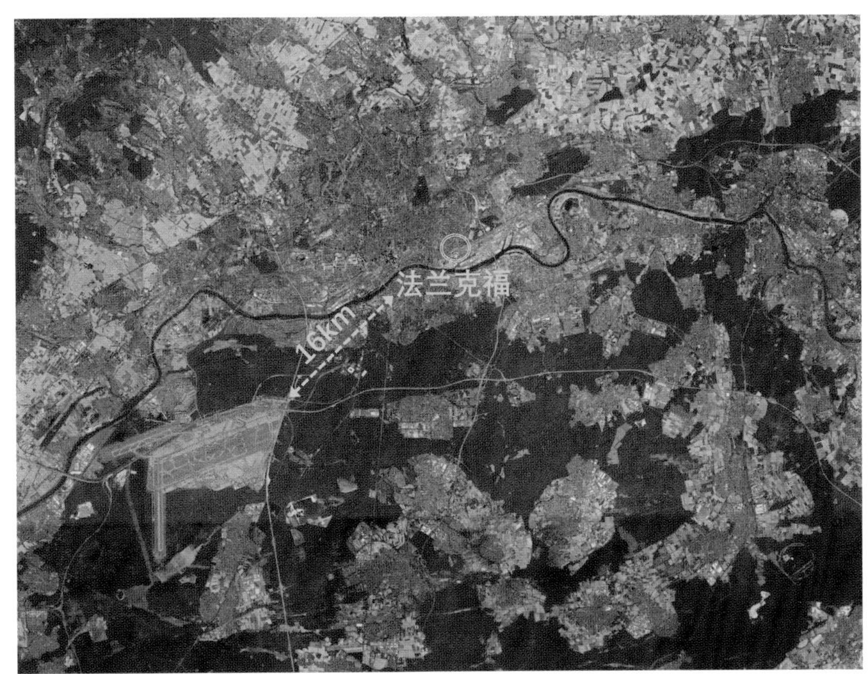

图3-1 德国法兰克福机场地理位置示意图

图3-2 德国法兰克福机场平面布置示意图

法兰克福机场是空铁联运的典范，1999年，机场与德国铁路集团合作建设了法兰克福机场空铁联运大楼、ICE高铁车站和区域铁路（图3–2），实现了铁路与航空的无缝衔接，这就是法兰克福提出的“零米支线”服务。

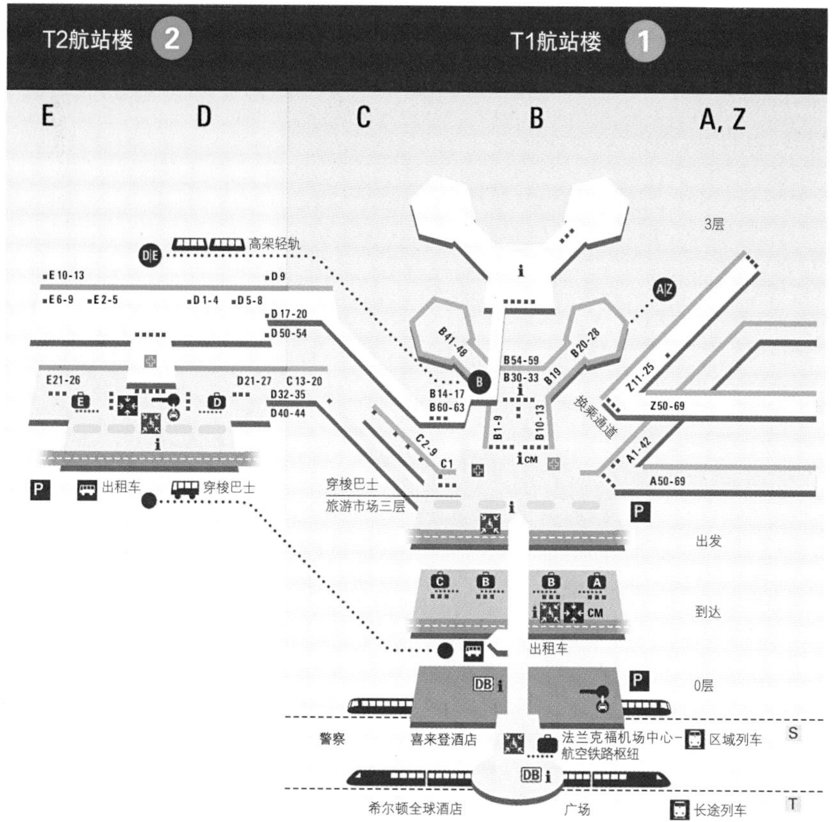

图3-3 德国法兰克福机场内部布局示意图
来源：改绘自法兰克福机场官网

机场和航空公司作为主导方，联合铁路运营部门协调运作，旅客可享受航空和铁路之间的联程一体化服务，铁路客运被看作在零米高度的“飞行”服务，而在航空和铁路之间转换的旅客则被看作航空中转乘客，他们在换乘时省略了各类手续的办理，其换乘服务标准严格按照航空换乘服务标准执行（图3-3）。

2. 英国伦敦希思罗机场

伦敦希思罗机场位于伦敦西南M25环路东南侧，距离伦敦市中心24km（图3-4），是全英国乃至全世界最繁忙的机场之一，已成为汇聚多种交通方式的综合性交通枢纽（图3-5）。

伦敦希思罗机场通过快速轨道交通线衔接距离其23km的帕丁顿车站，实现与伦敦铁路网络的衔接。帕丁顿车站设有城市航站楼，布置了28个值机柜台、1台行李传送装置及安检系统，从伦敦希思罗机场起飞的旅客可在车站进行值机和行李托运，之后通过快速轨道交通线直接前往机场办理登机手续，旅客行李也被分成四类并分别封装运送至

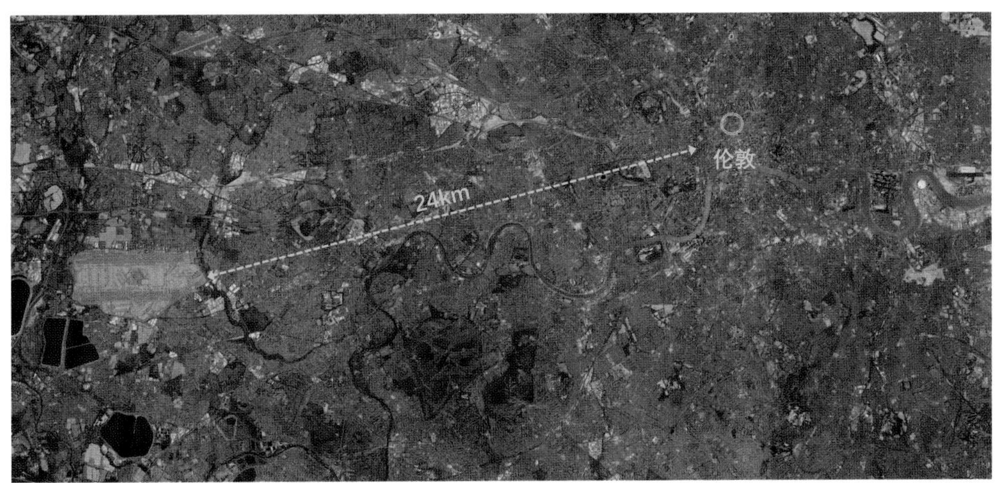

图3-4 英国伦敦希思罗机场地理位置示意图

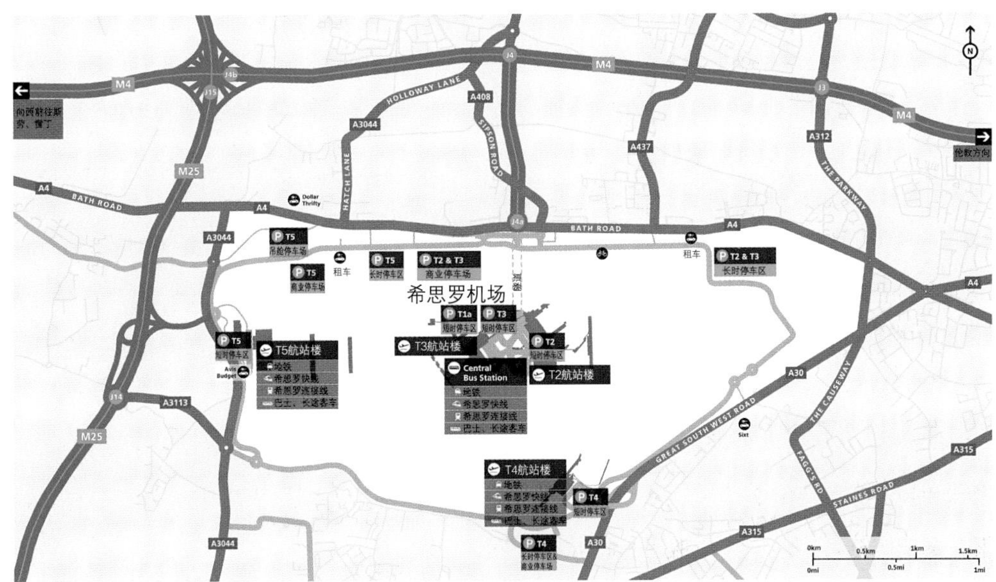

图3-5 英国伦敦希思罗机场总体布置示意图

来源：希思罗机场官方网站

伦敦希思罗机场的四座航站楼。这种空铁联运模式一方面减轻了机场航站楼现场值机的压力，另一方面旅客也获得了便捷高效的值机服务。

3. 法国巴黎戴高乐机场

法国巴黎戴高乐机场是法国的主要门户机场，也是欧洲主要的航空中心，位于巴黎东北向25km处（图3-6）。

图3-6 法国巴黎戴高乐机场地理位置示意图

巴黎戴高乐机场在T2航站楼下布置火车站，衔接法国新干线铁路TGV和区域快铁RERB，最快可在2小时内覆盖大巴黎地区。旅客的空铁联运可通过机场与法国国营铁路公司签订的代码共享协议来实现，旅客购买的机票已包含国内以及欧洲主要城市至巴黎戴高乐机场站之间的铁路车票，因此在办理行李托运后，可直接搭乘高速铁路直达机场进行登机，此套联程模式可大大提升旅客的出行体验以及效率。

4. 日本成田国际机场

日本成田国际机场位于千叶县成田市，西距东京都中心63.5km（图3-7），是日本最大的国际空港（图3-8）。

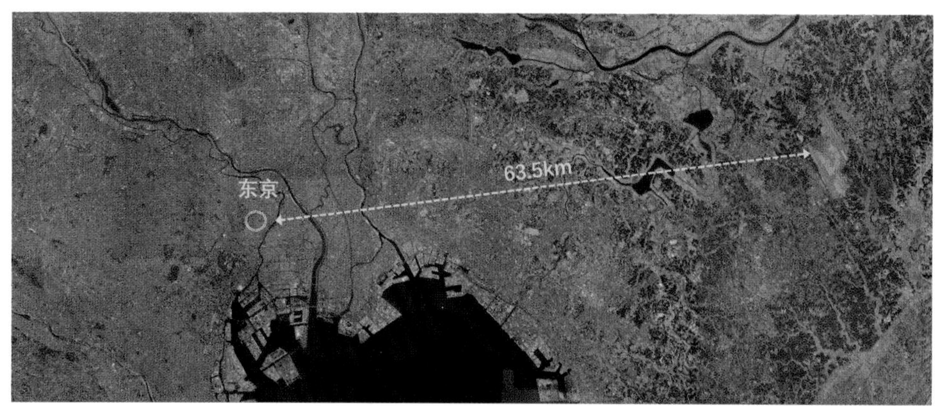

图3-7 日本成田国际机场地理位置示意图

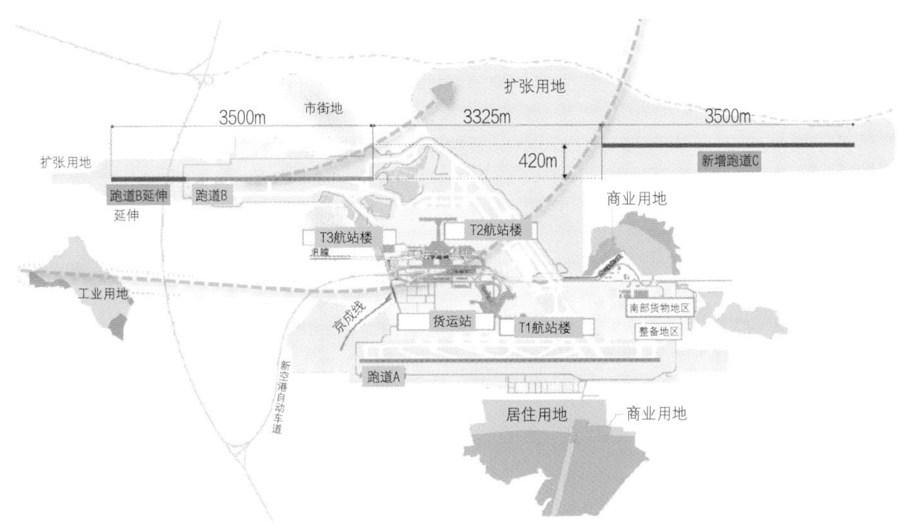

图3-8 日本成田国际机场总体布置示意图
来源：改绘自成田国际机场官方网站

成田国际机场T1航站楼、T2航站楼的地下一层布置了成田特快火车站台，旅客可直接换乘铁路前往东京、横滨、新宿、品川等地（图3-9），因而成田国际机场具有便捷的空铁联运设施可为旅客提供高效率转运服务。另外，成田国际机场一项著名的实践为“徒手旅行计划”。其核心理念是旅客无须携带行李即可前往机场办理托运手续，配送公司会提前根据旅客的需求上门收取行李并协同航空公司进行转运，旅客即可在目的地直接提取行李。

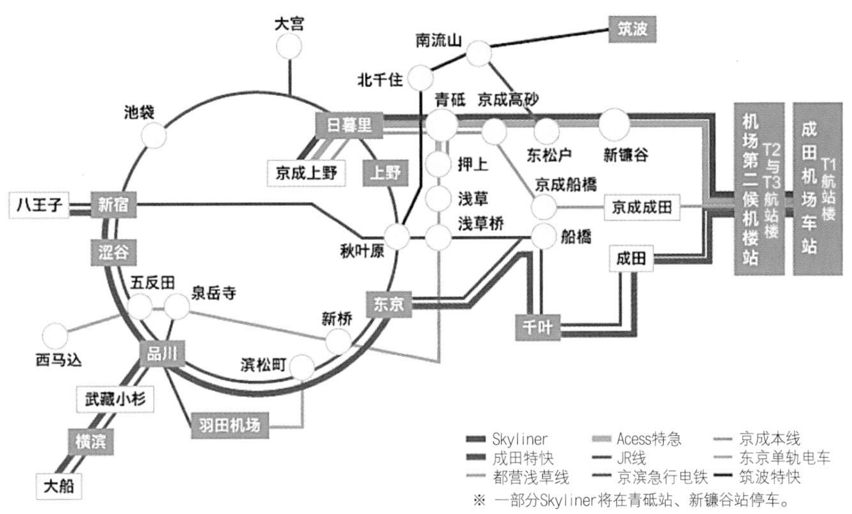

图3-9 日本成田国际机场轨道交通网络示意图
来源：改绘自成田国际机场官方网站

3.1.2 国内空铁联运案例

1. 上海虹桥综合交通枢纽

上海虹桥综合交通枢纽位于上海西大门，距离市中心约12km（图3-10），在沪宁、沪杭两大交通发展轴交会处，是我国机场与高铁车站合建大型枢纽的开山之作，该枢纽于2008年7月20日开工建设，并于2010年7月1日投入使用，经过十几载的发展，形成了以机场与高铁车站为双核心的大型综合交通枢纽格局。2019年虹桥国际机场旅客吞吐量排名全国第七，达到4563.78万人次，铁路虹桥站旅客发送量也在全国名列前茅。

铁路虹桥站与虹桥机场T2航站楼相距仅600m，两者之间则为地铁、磁悬浮的换乘区间，旅客可通过步行轻松实现空铁联程。

2. 北京大兴国际机场

北京大兴国际机场位于永定河北岸，地跨北京市大兴区礼贤镇、榆垡镇，以及河北省廊坊市广阳区，南距天安门广场45km（图3-11）。北京大兴国际机场定位为“大型国际枢纽机场”，它与北京首都国际机场相对独立运营，并共同承担京津冀地区国际、国内的航空运输业务。

北京大兴国际机场于2014年12月26日开工建设，并于2019年9月25日正式投入使用。它是首次实现轨道交通站台与航站楼一体化设计，轨道交通站台被融入同一个综合体建筑内。轨道交通下穿航站楼，高速铁路、城际铁路及地铁站台均位于地下二层，京雄城际铁路、廊涿城际铁路及新机场快轨汇集于此。轨道交通站厅层和换乘大厅位于地

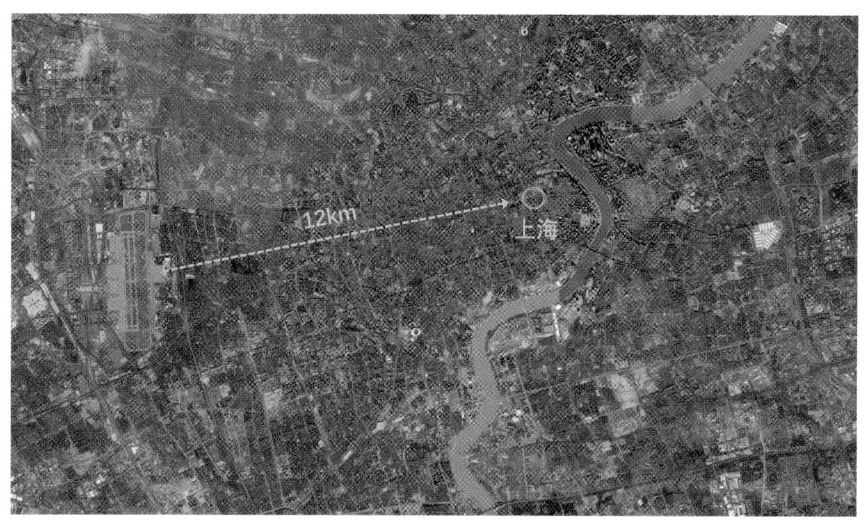

图3-10 上海虹桥枢纽地理位置示意图

图3-11 北京大兴国际机场地理位置示意图

下一层（图3-12），旅客可在换乘大厅进行值机并通过安检进入航站楼，该空铁联运平台轻松实现了旅客的“零换乘”。大兴国际机场的轨道交通可直达北京市中心区域并与城市轨道交通网络多点衔接，城际铁路也可实现在2小时内到达周边主要城市。

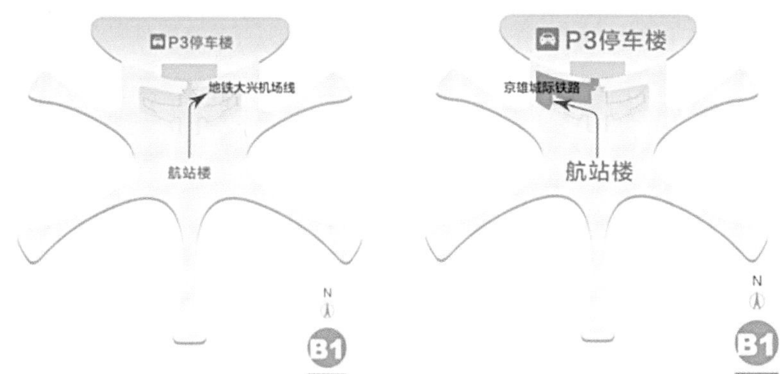

图3-12 北京大兴国际机场铁路、轨道交通站点布置示意图

3.2 空铁联运枢纽规划要素及交通需求

3.2.1 空铁联运枢纽的功能定位

空铁联运狭义上是指航空运输与铁路运输之间协作的一种联合运输方式，参与者包括民航机场、航空公司及铁路系统等。

空铁联运一般有两种模式，分别为“两极直通”（铁路线路连接飞机航线）和“零米支线飞行”（铁路线路连接航线+代码共享），从运行模式以及优缺点等方面对两种模式进行对比（表3-1）。

空铁联运模式对比 表3-1

项目	“两极直通”	“零米支线飞行”
实现方法	铁路线路连接飞机航线	铁路线路连接航线+代码共享
接驳方式	高速铁路、城际铁路、市域铁路	高速铁路、城际铁路、市域铁路
机场辐射范围	城市群	城市群
优点	成本较低、系统效率较高	系统效率高、一体化程度高
缺点	运营管理相对独立	成本高
一体化程度	物理无缝衔接	无缝衔接

对于空铁联运的组成部分——机场及铁路客站，均有相应的分级标准，如表3-2所示。

铁路客站分级标准 表3-2

建筑规模	高峰小时发送量P（人次）	年旅客发送量C（万人次）
特大型	$P \geqslant 10000$	$C \geqslant 3650$
大型	$5000 \leqslant P \leqslant 10000$	$1825 \leqslant C \leqslant 3650$
中型	$1000 \leqslant P < 5000$	$365 \leqslant C < 1825$
小型	$P < 1000$	$C < 365$

通过以上分级标准可导出大型空铁联运枢纽的定义，即以航空和铁路为主要对外交通方式，两者共同发送旅客，并实现旅客的中转换乘甚至联运，同时配套完善的交通综合体，且机场年旅客吞吐量达2000万人次以上。

大型空铁联运枢纽根据机场和高速铁路的布局关系可大致分为以下三类。

“空铁双主枢纽”（图3-13）的典型案例即为上海虹桥枢纽，此模式打造的是超大型综合交通枢纽，航空、铁路并重发展，一般是整座城市最为核心的交通设施；“空主铁辅枢纽”（图3-14）对应案例则为北京大兴国际机场，此种模式可建设以航空为主的大型交通枢纽，铁路以中等规模车站实现部分空铁联运；而“机场主枢纽”（图3-15）则是国内大多数机场普遍采用的模式，轨道交通仅作为集散市区航空旅客的一种交通方式。

而大型空铁联运枢纽的功能定位可总结为：对外门户枢纽、对内集散换乘、物流中心、公共服务中心、避难逃生建筑、综合开发门户。

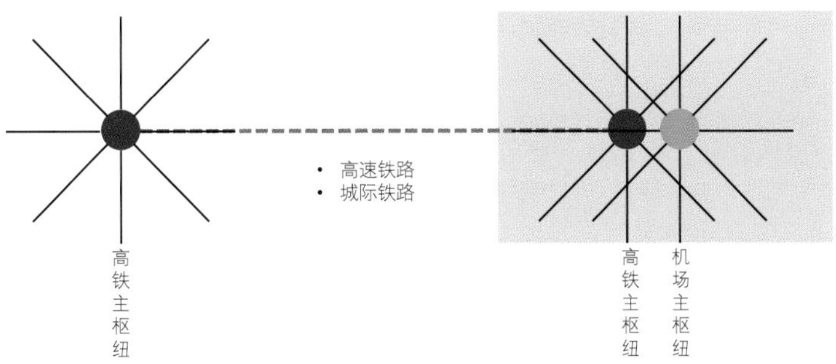

图3-13　空铁双主枢纽：大型机场+（特）大型铁路客站

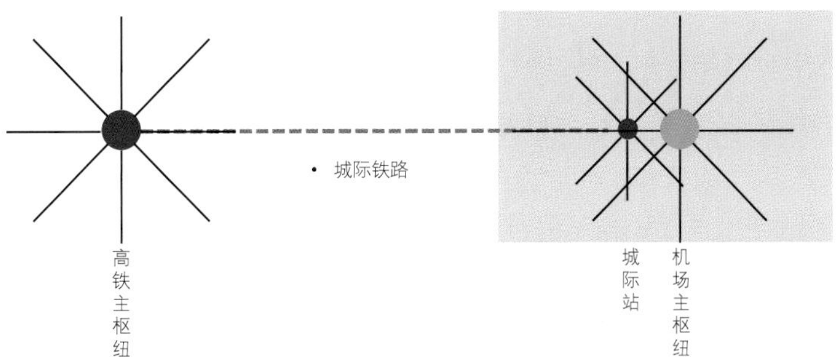

图3-14　空主铁辅枢纽：大型机场+中小型铁路客站

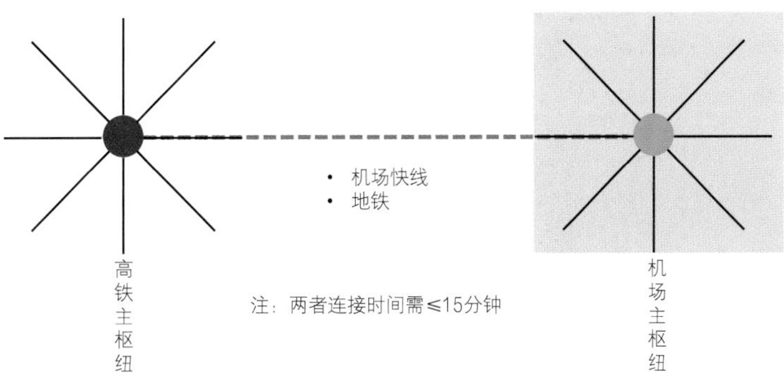

图3-15　机场主枢纽：大型机场+城市轨道交通

3.2.2 机场铁路规划及衔接

机场铁路有三个层次，分别为高速铁路、城际铁路及市郊铁路，三者各项指标对比如表3-3所示。

机场铁路层次对比　　表3-3

项目	高速铁路	城际铁路	市郊铁路
运行方式	长区间、大运量、长编组、高载重	中等运距、大运量、短编组	短区间、大运量或中运量、短编组
主要服务对象	跨城市群各城市之间的客运交通	城市群内各城市之间的城际客运交通	中心城区与市郊区县之间的通勤客运交通
航空旅客服务空间范围	城市群以外	城市群内部	市域
设计速度（km/h）	250～350	120～200	100～160
站间距（km）	30～60	5～20	3～10
单向运载能力（万人次/h）	8～15	5～8	0.8～3.5

相应的机场铁路客运站也有三种类型，分别为通过式客运站、尽端式客运站及混合式客运站。

通过式客运站（图3-16）的到发线均为贯通式，站房位于线路的一侧。

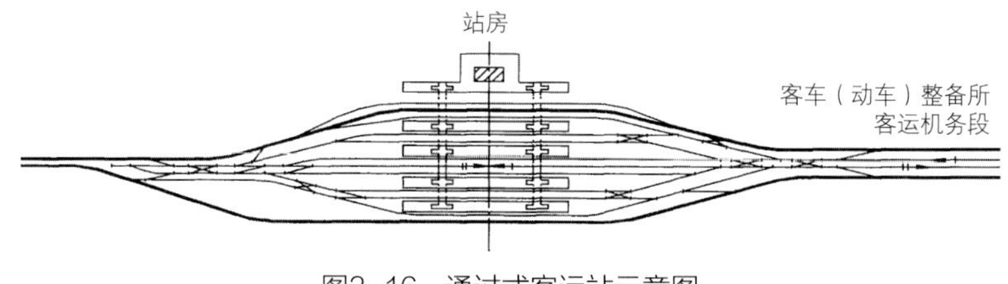

图3-16　通过式客运站示意图

尽端式客运站（图3-17）可细分为两类，一种是到发线为尽头线类型，站房设置于到发线一端或一侧；另一种是到发线为贯通线类型。

混合式客运站（图3-18）部分到发线为贯通线、部分到发线为尽头线。

机场铁路线路的类型按功能定位可分为主线、支线/联络线（图3-19），按布局走向则可分为通过式和尽端式，综合示意如图3-19所示。

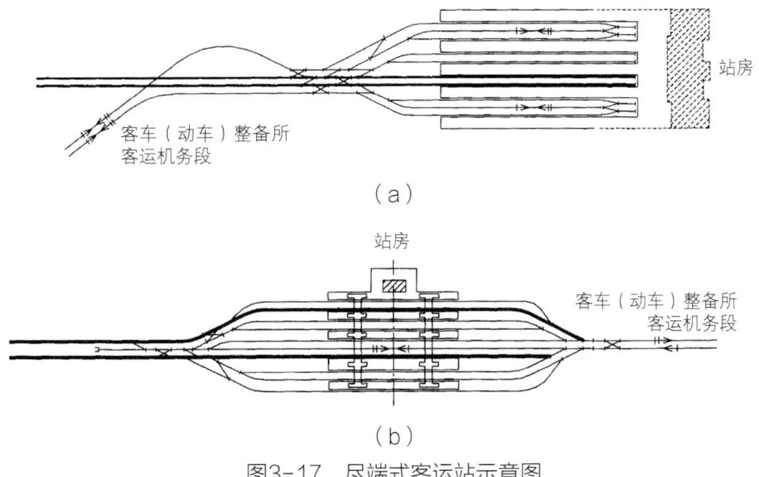

图3-17　尽端式客运站示意图

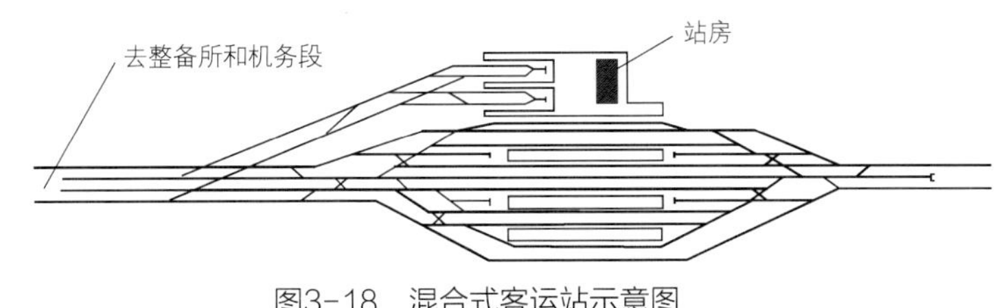

图3-18　混合式客运站示意图

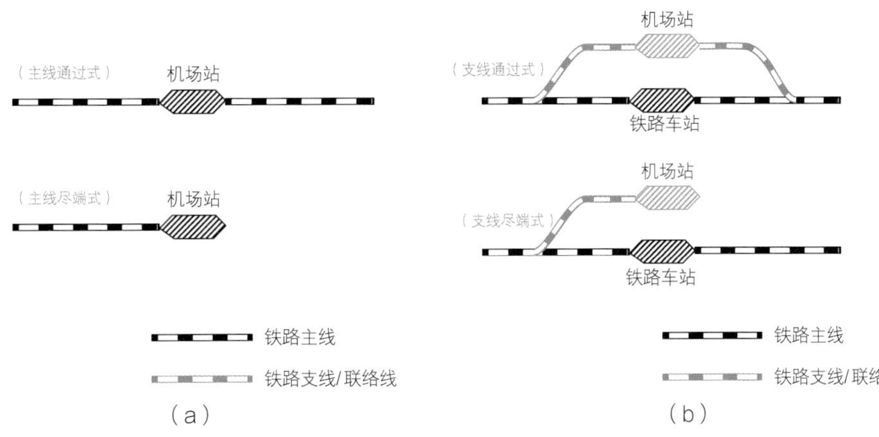

图3-19　机场铁路线路类型示意图

尽端式铁路单向进出机场，主要服务航空旅客，是一种专用型线路，车次较少、运量较小；通过式铁路为双向进出机场，航空和非航空旅客均为服务对象，是一种共享型线路，其车次较多、运量较大。

机场与铁路的衔接模式可分为直接衔接和间接衔接，结合机场铁路线路类型，间接衔接模式可进一步细分为四种类型，基于模式分类及其对应的机场案例整理形成表3-4。

机场与铁路的衔接模式 表3-4

衔接模式	铁路接入形式	案例
直接衔接模式	机场引入通过式铁路主线	西安咸阳国际机场东航站区
	机场引入通过式铁路支线	德国科隆/波恩机场、厦门翔安国际机场
	机场引入尽端式铁路主线	韩国首尔仁川国际机场
	机场引入尽端式铁路支线	日本大阪关西国际机场
间接衔接模式	—	英国伦敦希思罗机场

3.2.3 交通需求预测

空铁联运枢纽的对外交通有航空、铁路、公路等，城市交通有轨道交通、公交车、出租车、小客车及非机动车等。进行交通需求预测离不开旅客换乘矩阵，即采用OD表来表现所预测枢纽各类对外交通、城市交通设施之间的换乘需求。旅客换乘矩阵可以说是枢纽地铁、公交、道路、停车库等集疏运系统及枢纽主体各类行人通道、竖向交通设施和车道边等布局规划与设计的重要依据，是枢纽关键交通设施规模确定的数据基础。

交通需求预测是基于对外交通方式所承担的客流，逐步推演出枢纽各种交通方式所承担的集散量和换乘量，分为以下四个步骤：①枢纽对外交通客运量预测→②枢纽旅客集疏运方式预测→③市内日常交通量预测→④旅客换乘矩阵整合。

具体预测流程如图3-20所示。

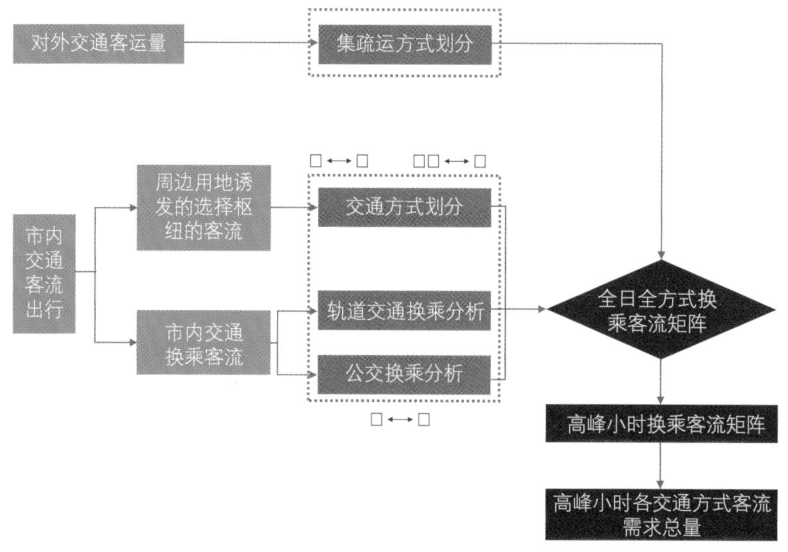

图3-20 交通需求预测步骤示意图

1. 针对对外交通客运量预测

该种预测方法是以城市对外客运总量预测为基础，按方式预测、布局规划逐步分配落实到枢纽对外交通中去（图3-21），应根据规划设计阶段的不同需要（平均日、一般高峰日、极端高峰日、高峰小时系数）合理预测各类参数。

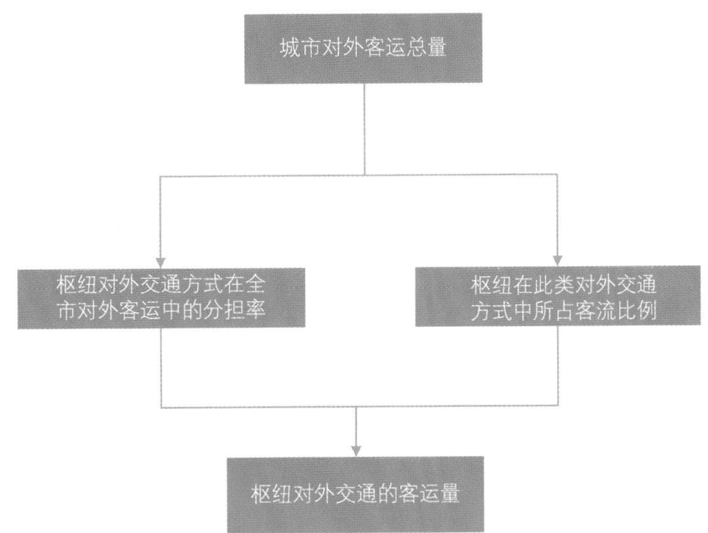

图3-21 对外交通量预测思路示意图

2. 针对旅客集疏运方式的预测

该种预测采用方法为基于Logit模型的类比法，Logit模型需要进行详细的调查作为参数标定的基础，同时需充分掌握城市各类交通系统规划情况。

$$P_{ij} = \frac{e^{V_{ij}}}{\sum_{j=1}^{m} e^{V_{ij}}} \quad (3\text{-}1)$$

$$V_{ij} = \text{time}_{ij} + \beta_{ij} + \text{cost}_{ij} + \varphi_{ij} \quad (3\text{-}2)$$

$$\sum_{i=1}^{n} P_{ij} \approx T_j \quad (3\text{-}3)$$

式中：P_{ij}为综合交通枢纽第i种对外交通的第j种集散方式比例；T_j为综合交通枢纽第j种集散方式比例；V_{ij}为综合交通枢纽第i种对外交通的第j种集散方式综合成本；time_{ij}、cost分别为第i种对外交通的第j种集散方式的时间、费用指标；β_{ij}为系数，取值范围为2～4；φ_{ij}为常数项，取值范围为3～10。

大型综合交通枢纽集疏运模式根据其方式的比例可分为三种（图3-22），分别为小客车为主体模式、多方式均衡模式及公共交通主体模式。

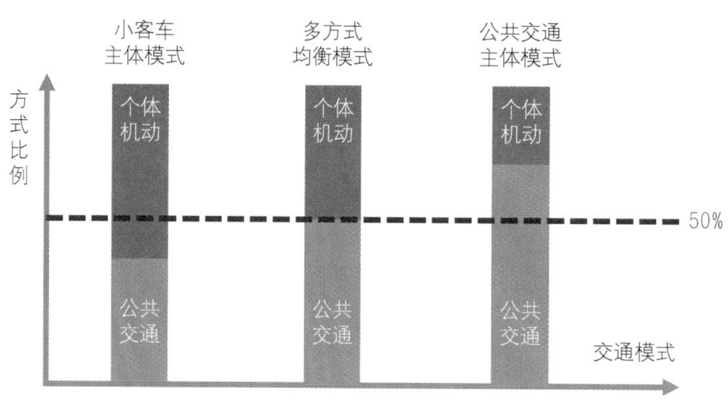

图3-22 大型综合交通枢纽的不同集疏运模式

表3-5将不同预测车种的客运量进行了梳理。

平均每车次客运量　　表3-5

预测参数	小客车	出租车	中型巴士	大型巴士	长途巴士
每车次客运量（人）	1.1 ~ 2.0	1.4 ~ 2.0	4 ~ 10	15 ~ 30	15 ~ 35
小客车折算系数	1	1	1.2 ~ 1.5	2.0 ~ 3.0	2.0 ~ 3.0

3. 针对市内日常交通量的预测

该种预测着重分析两部分内容，分别为周边用地开发诱增交通量和市内换乘客流预测。以服务枢纽旅客为主的开发交通影响忽略不计，而以服务全社会为主的开发则采用“出行链”技术来预测城市日常换乘需求。

$$P_{h-ij} = \frac{e^{V_{h-ij}}}{\sum_{h=1}^{m} e^{V_{h-ij}}} \tag{3-4}$$

$$V_{h-ij} = t_i + t_j + t_{hub} + \beta(c_i + c_j) + \varphi \tag{3-5}$$

式中：P_{h-ij}为i至j第h种出行方式比例，且$i \neq j$；V_{h-ij}为第h种出行方式的综合出行成本；t_i、t_j、t_{hub}分别为交通枢纽两端出行和枢纽内换乘时间；c_i、c_j分别为枢纽两端出行费用；β为系数，取值范围为2 ~ 4；φ为常数项，取值范围为3 ~ 10；m为i至j的出行方式总量，含枢纽各类换乘方式在内。

市内换乘客流预测一般可采用吸引率分析法、影响范围分析法。从总的OD矩阵表中分离出和枢纽相关的出行数据矩阵。

4. 旅客换乘矩阵整合

交通需求预测的最后一步为旅客换乘矩阵整合，枢纽交通设施规模测算的依据即为换乘矩阵。枢纽交通设施可划分为四类，即站场类设施、集散类设施、通道类设施及信息类设施。其中，站场类设施包括公交场站、社会停车场、长途客运站和出租车蓄车场等，集散类设施包括地铁站站台、公交站站台和换乘大厅，通道类设施则包括地下换乘通道、楼梯、自动扶梯等。典型的OD旅客换乘矩阵如图3-23所示。

图3-23中左上黄色范围内数据代表对外交通—对外交通换乘交通量，右上橙色范围内数据代表对外交通—城市交通换乘交通量，左下橙色范围内数据代表城市交通—对外交通换乘交通量，右下蓝色范围内数据则代表城市交通—城市交通换乘交通量。旅客换乘矩阵中Q_{55}用于测算轨道交通换乘通道规模，O_6和P_6则分别用于测算公交上、下客区的规模。

以上海虹桥枢纽的旅客换乘矩阵结果为例，对外交通—对外交通部分中，铁路与磁悬浮之间的换乘需求最大，占枢纽大交通之间换乘需求的三分之一以上。在对外交通—城市交通部分中，轨道交通、公交车、出租车及小客车四种主要集散方式中占比最大的为轨道交通，达到了40%～45%。初期枢纽功能定位为了避免周边地区日常交通换乘，因此在预测中不重点考虑城市交通—城市交通的交通量。

交通方式	航空 1	国有铁路 2	公路 3	港口 4	轨道交通 5	公交车 6	出租车 7	小汽车 8	自行车 9	步行 10	合计
航空 1	Q_{11}	Q_{12}	Q_{13}	Q_{14}	Q_{15}	Q_{16}	Q_{17}	Q_{18}	Q_{19}	Q_{110}	P_1
国有铁路 2	Q_{21}	Q_{22}	Q_{23}	Q_{24}	Q_{25}	Q_{26}	Q_{27}	Q_{28}	Q_{29}	Q_{210}	P_2
公路 3	Q_{31}	Q_{32}	Q_{33}	Q_{34}	Q_{35}	Q_{36}	Q_{37}	Q_{38}	Q_{39}	Q_{310}	P_3
港口 4	Q_{41}	Q_{42}	Q_{43}	Q_{44}	Q_{45}	Q_{46}	Q_{47}	Q_{48}	Q_{49}	Q_{410}	P_4
轨道交通 5	Q_{51}	Q_{52}	Q_{53}	Q_{54}	Q_{55}	Q_{56}	Q_{57}	Q_{58}	Q_{59}	Q_{510}	P_5
公交车 6	Q_{61}	Q_{62}	Q_{63}	Q_{64}	Q_{65}	Q_{66}	Q_{67}	Q_{68}	Q_{69}	Q_{610}	P_6
出租车 7	Q_{71}	Q_{72}	Q_{73}	Q_{74}	Q_{75}	Q_{76}	Q_{77}	Q_{78}	Q_{79}	Q_{710}	P_7
小汽车 8	Q_{81}	Q_{82}	Q_{83}	Q_{84}	Q_{85}	Q_{86}	Q_{87}	Q_{88}	Q_{89}	Q_{810}	P_8
自行车 9	Q_{91}	Q_{92}	Q_{93}	Q_{94}	Q_{95}	Q_{96}	Q_{97}	Q_{98}	Q_{99}	Q_{910}	P_9
步行 10	Q_{101}	Q_{102}	Q_{103}	Q_{104}	Q_{105}	Q_{106}	Q_{107}	Q_{108}	Q_{109}	Q_{1010}	P_{10}
合计	O_1	O_2	O_3	O_4	O_5	O_6	O_7	O_8	O_9	O_{10}	$\sum_{i=1}^{10}(P_i+O_i)$

图3-23 OD旅客换乘矩阵示意图

3.3 空铁联运枢纽的布局规划

3.3.1 对外交通设施规划

对外交通设施规划主要针对两部分内容进行研究，分别为道路交通部分和轨道交通部分。

1. 对外道路交通

对外道路集疏运规划总体思路有三点：多通道快速集散、多层次路网集散、客货通道分离。

通过对各大枢纽进出场道路系统进行总结分析，可将其布局原则总结为五点：分块循环，均衡集散；立体组织，到发分层；分级布设，减少交织；单向环通，减少冲突；适度连通，具容错性。

对外道路的布局可分为四种基本类型，分别为单尽端式、双尽端式、多尽端式及贯穿+多尽端式。

（1）单尽端式布局

单尽端式布局（图3-24、图3-25）分为单航站楼和多航站楼两类，到发系统仅有一套，并以各航站楼为尽端形成循环系统为主要特征，典型案例为德国法兰克福机场（单航站楼）和荷兰阿姆斯特丹史基浦机场（多航站楼）。

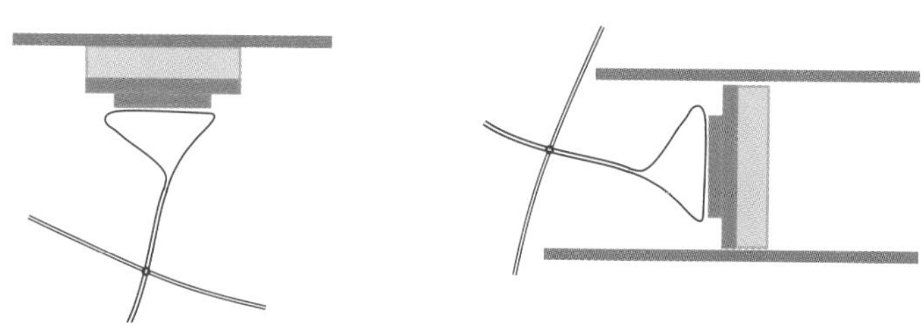

图3-24　单航站楼单尽端式道路系统布局示意图

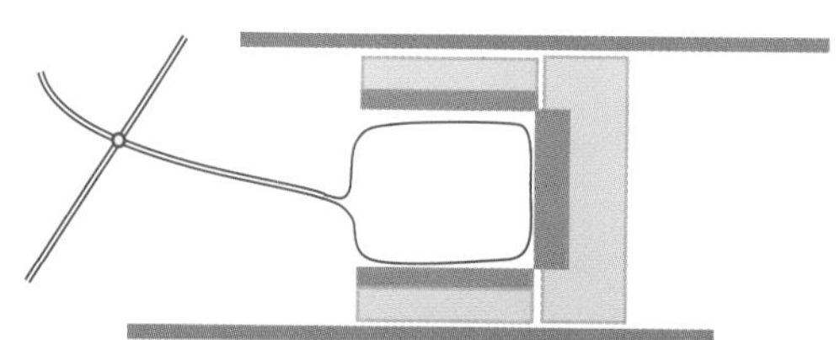

图3-25　多航站楼单尽端式道路系统布局示意图

（2）双尽端式布局

双尽端式布局（图3-26）的典型案例为上海虹桥枢纽，该布局有两套独立的到发系统，各自以航站楼两侧分别为尽端形成循环系统。

（3）多尽端式布局

多尽端式布局（图3-27）具有大于两套到发系统，并在同一航站区内各自独立，以各航站楼为尽端形成循环系统。典型案例有法国巴黎戴高乐机场和长春龙嘉国际机场。

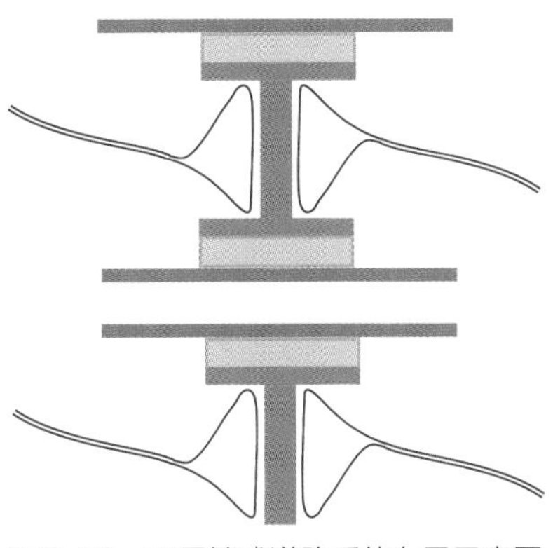

图3-26 双尽端式道路系统布局示意图

（4）贯穿+多尽端式布局

贯穿+多尽端式布局（图3-28）的特征是主干道路系统穿越整个航站区，在主干道路系统上再分支形成各个到发系统至航站楼前。典型案例为上海浦东国际机场。

枢纽核心区路网的功能主要是分离到发交通和区域交通，提高交通系统的安全性并降低运营期间的管理难度。当路网需穿越空侧时一般采用下穿隧道的形式；而在穿越铁路站场和轨道交通时，其敷设形式可采用高架式、地下式及地面（平面）式布局。

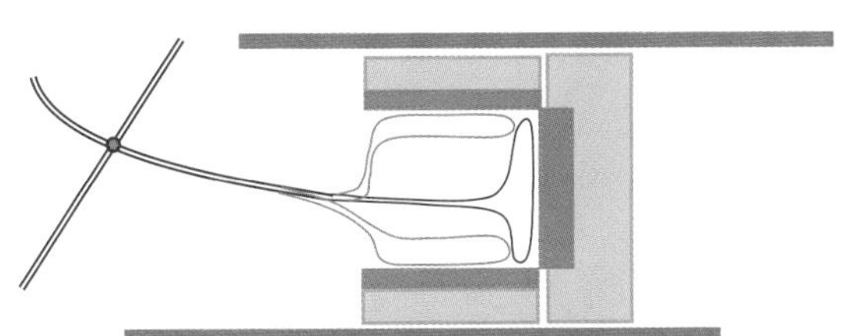

图3-27 多尽端式道路系统布局示意图

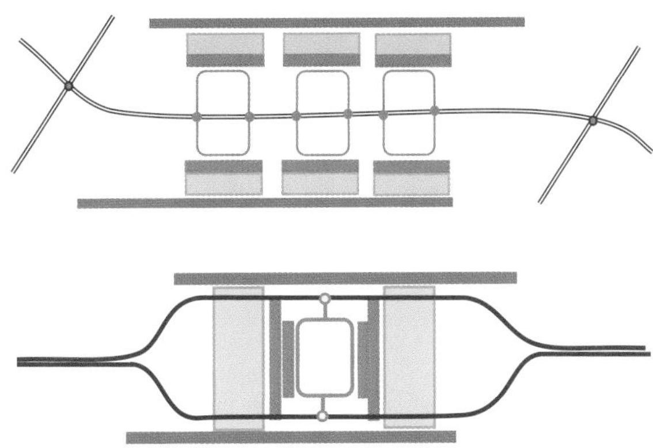

图3-28 贯穿+多尽端式道路系统布局示意图

具体的布局模式应综合考虑航站楼、车道边、交通组织等因素，表3-6梳理了世界上一些典型的空铁联运枢纽进出场道路系统的布局模式。

各大枢纽进出场道路布局模式　　表3-6

基本布局	航站楼	铁路送客车道边	交通组织	案例
单尽端式	单航站楼	独立	整体循环	德国法兰克福机场
			整体循环	西安咸阳国际机场东航站区
		共用	整体循环	韩国首尔仁川国际机场
			整体循环	香港国际机场
			整体循环	日本大阪关西国际机场
			整体循环	北京大兴国际机场
	多航站楼	共用	整体循环	荷兰阿姆斯特丹史基浦机场
双尽端式	单航站楼	独立	分块循环	上海虹桥国际枢纽
多尽端式	多航站楼	独立	整体循环	长春龙嘉国际机场
		共用	整体循环	法国巴黎戴高乐机场
			整体循环	郑州新郑国际机场
			整体循环	厦门翔安国际机场
			整体循环	日本成田国际机场
贯穿+多尽端式	多航站楼	独立	分块循环	上海浦东国际机场

2. 对外轨道交通

城市轨道交通集疏运系统可分为七个层次，分别为市域铁路、快速轨道交通、磁悬浮、地铁、轻轨、有轨电车及机场捷运，其功能定位及相应运输指标如表3-7所示。

城市轨道交通集疏运系统层次指标　　表3-7

分类	功能定位	服务范围	设计速度（km/h）	平均站距（km）	设计运能（万人/h）
市域铁路	服务于枢纽与主城区、新城及周边城镇快速、中长距离联系	都市圈	100～160	3～20	≥1.0
快速轨道交通	服务于枢纽与主城区及新城的快速、中长距离联系	市域	100～160	3～20	≥1.0
磁悬浮	服务于枢纽与主城区之间的快速、中长距离联系	市域	100～500	3～20	1.0～3.0

续表

分类	功能定位	服务范围	设计速度（km/h）	平均站距（km）	设计运能（万人/h）
地铁	服务于枢纽与高度密集发展的主城区，满足大运量、高频率和高可靠性的公交需求	主城区	80～100	1～2	2.5～8.0
轻轨	服务于枢纽与较高程度密集发展的主城区，满足大运量、高频率和高可靠性的公交需求	主城区	60～80	0.6～1.2	1.0～3.0
有轨电车	服务于枢纽与主城区的客流，提升枢纽公交服务水平	主城区	20～50	0.6～1.2	0.6～1.0
机场捷运	服务于航站楼、卫星厅、铁路车站、地面交通中心、停车库、商务区之间的交通联系	机场内部	20～60	—	约1.0

结合具体的功能定位需求，将相应层次的城市轨道交通集疏运系统与机场进行组合来建设空铁联运枢纽。

机场轨道交通集疏运系统布局也有五种主要基本形式，分别为贯穿式布局、放射式布局、环形+放射式布局、半径线式布局及切线式布局。

（1）贯穿式布局

贯穿式布局（图3-29）的轨道交通直接穿越整座机场空侧及航站区，机场设站方式采用中间站形式，其轨道交通层次一般为城际铁路和市域铁路。

（2）放射式布局

放射式布局（图3-30）最典型的案例为上海虹桥枢纽，该布局形式往往在枢纽处配套建设多种层次、多条线路的轨道交通系统，并以枢纽为源头或支点向四周放射。市域铁路、轻轨及地铁等是该型布局下常见的轨道交通层次，其机场设站形式采用中间站式或尽端式。

图3-29 贯穿式布局（荷兰阿姆斯特丹史基浦机场）

（3）环形+放射式布局

环形+放射式布局（图3-31）下的轨道交通以机场枢纽区域为源头往周边进行放射，在枢纽内部区域则形成环形线路。因而其在机场的设站形式主要采用中间站式。轨道交通制式包括市域铁路、地铁及轻轨等。

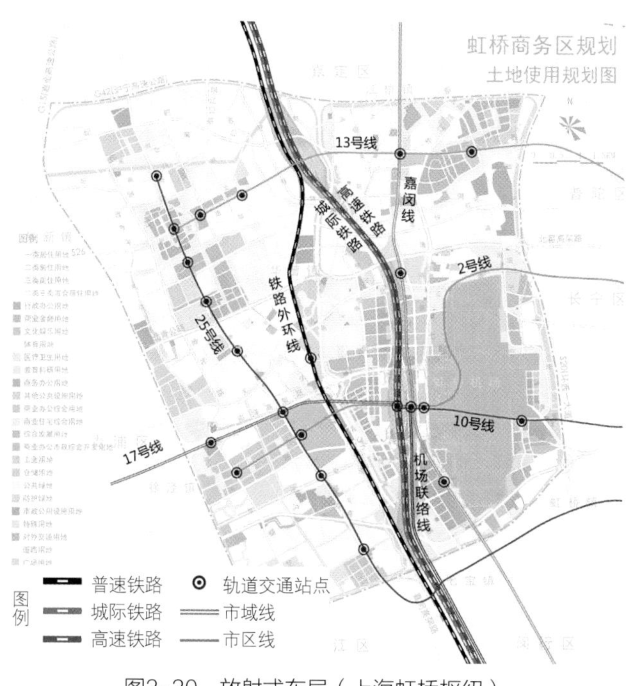

图3-30　放射式布局（上海虹桥枢纽）

图3-31　环形+放射式布局（美国纽约肯尼迪国际机场）

(4) 半径线式布局

半径线式布局(图3-32)的主要特征为轨道交通由主线延伸出一条支线接入机场枢纽，类似于半径线。该布局形式下轨道交通制式类型较多，市域铁路、快速轨道交通、磁悬浮、轻轨及有轨电车均适用于该布局形式，轨道交通设站形式仅采用尽端式。

(5) 切线式布局

在切线式布局(图3-33)中，轨道交通制式主要采用城际铁路和市域铁路这种服务范围聚焦于都市圈、市域的轨道交通类型。其主要特征为外围铁路仅在机场枢纽边缘处设中间站，两者的平面空间布局类似于相切的几何关系。

图3-32 半径线式布局(法国巴黎戴高乐机场)

图3-33 切线式布局(德国法兰克福机场)

轨道交通线路总体走向基本决定了机场内线路的线形，它在机场内设站的具体空间布局可依据其与航站楼的平面关系进行分类。

（1）平行航站楼布局

在平行航站楼布局（图3-34）中，轨道交通线路平面上和航站楼不交叉，两者平行布置。该种布局模式优点是各设施之间管理界面清晰、利于分期建设，缺点是占地面积较大、换乘距离较长。该种布局模式广泛应用于国内相关枢纽机场，如上海浦东国际机场、成都双流国际机场、西安咸阳国际机场等。

（2）垂直航站楼布局

在垂直航站楼布局（图3-35）中，轨道交通线路垂直于航站楼，从其中央或两侧穿越。该种布局模式优点是轨道交通与机场设施一体化程度高、换乘距离短，缺点是各类设施管理难度大、不利于分期建设。国内枢纽机场中长春龙嘉国际机场、深圳宝安国际机场等采用该种布局模式。

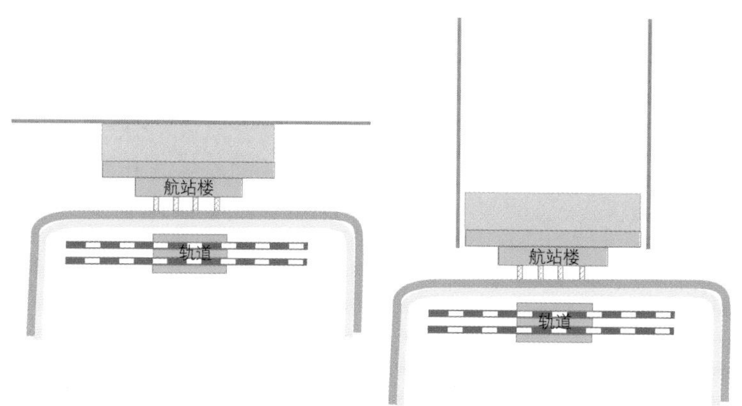

图3-34　平行航站楼布局示意图

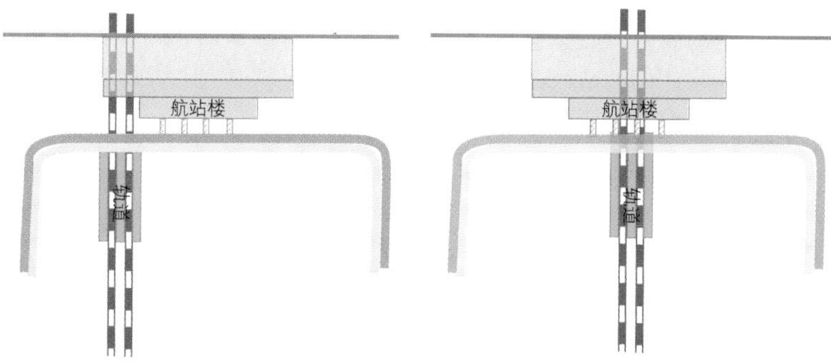

图3-35　垂直航站楼布局示意图

（3）组合型布局

在组合型布局（图3-36）中，机场内同时敷设多条轨道交通线路，分别与航站楼平行和垂直布置，目前国内上海虹桥枢纽采用该种布局模式。

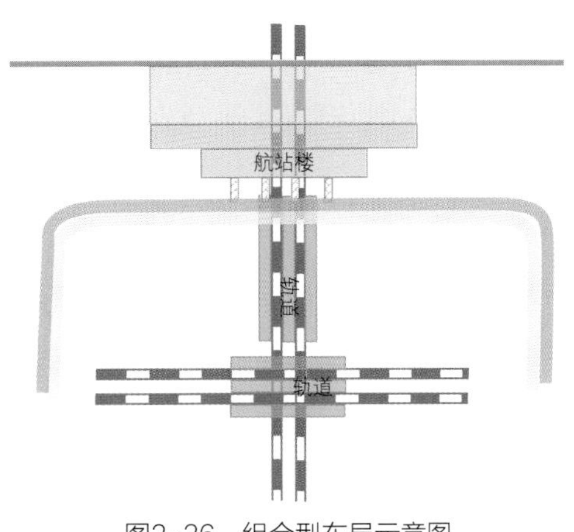

图3-36 组合型布局示意图

3.3.2 内部捷运交通系统

内部捷运是机场内轨道交通系统中的重要组成部分，一般分为空侧捷运系统、陆侧捷运系统及空陆侧捷运系统三种，它们的服务对象和功能有所区分。

空侧捷运系统：主要服务安检后的旅客，一般用于连接航站楼和相应的卫星厅。该类型捷运系统最为常见，如上海浦东国际机场、美国坦帕国际机场均有设置。

陆侧捷运系统：主要服务安检前的旅客，一般用于连接航站楼与周边停车区、商务区等，或用于多座航站楼之间的陆侧联系，如美国达拉斯国际机场的陆侧捷运系统用于串联各航站楼的陆侧联系。

空陆侧捷运系统：主要在同一通道上实现空陆侧旅客服务，一般实现航站楼与卫星厅、航站楼之间、航站区和外部空港新城、远距离长时停车场等联系，该系统需要配套空、陆侧有效隔离的特殊运营组织模式，具体设置案例有美国凤凰城国际机场和新加坡樟宜机场的空陆侧旅客捷运系统。

机场内部捷运系统的设置需要满足时间、空间需求和流程需求。

1．时间、空间需求

1）旅客等候时间标准：《民用机场服务质量》规定捷运系统95%的旅客等候时间不应超过5分钟。

2）旅客步行距离标准：国际航空运输协会发布的《机场设计参考手册》建议，若轨道交通至登机口之间的距离超过913.4m，必须设置旅客捷运系统。

3）运营时间：捷运系统应满足机场24小时运行需求，其中夜间运行可根据航班抵离要求提供响应式服务，适当拉长运行间隔。

2．流程需求

捷运系统需满足包括一般旅客、重要旅客、工作人员等各类人员的常规流程需求。

捷运系统还需考虑“容错”“航班延误/取消”等特殊流程。

捷运系统的站台形式与常规轨道交通类似，有岛式、侧式以及一岛两侧式等（图3-37）。其中，岛式、侧式车站适用于纯空侧或纯陆侧的捷运系统，一岛两侧式车站则适用于空陆侧混合模式的捷运系统。不同站台可设置物理隔离或楼（扶）梯引导不同性质的旅客集散。

捷运系统常见的运营组织模式有穿梭运行、循环运行两种（图3-38）。

捷运系统的运营组织方案要从满足旅客流程与旅客输送量、提高服务水平、降低运营成本等多方面进行研究制订，要确保其满足机场运营的实际需求。

从机场及周边港区的客流适应性来看，捷运系统车辆常用的类型主要是城轨B、C型车和自动导轨胶轮系统（APM）（图3-39）。城轨B型车属于大运量型，适用于地下、

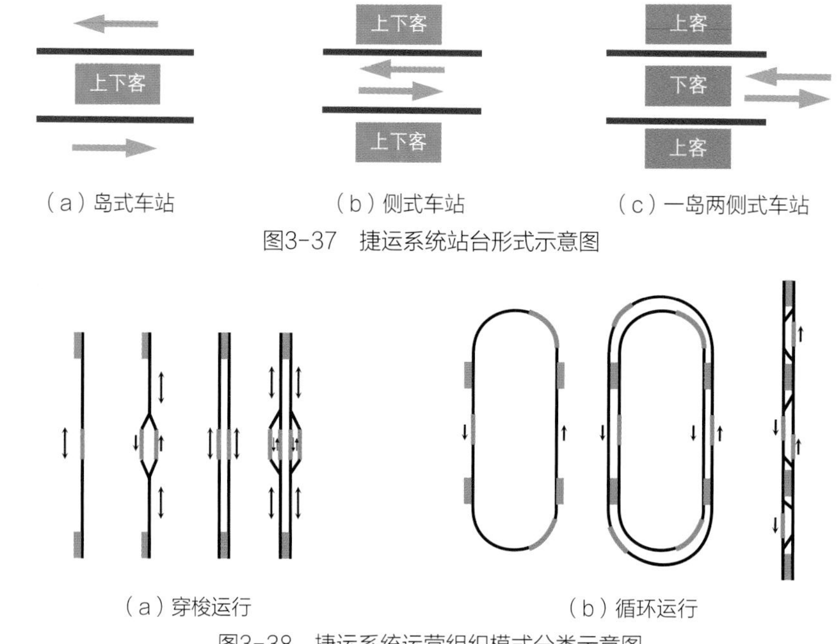

（a）岛式车站　（b）侧式车站　（c）一岛两侧式车站

图3-37　捷运系统站台形式示意图

（a）穿梭运行　（b）循环运行

图3-38　捷运系统运营组织模式分类示意图

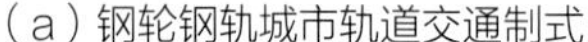

（a）钢轮钢轨城市轨道交通制式　（b）自动导轨胶轮系统制式（APM）

图3-39　常见捷运系统车辆种类

地面或高架线路；城轨C型车属于中运量型，适用于地下、地面或高架线路；APM属于中运量型，适用于地下、高架线路。

捷运系统车辆的具体选型需要从客流需求、线路条件、舒适性、可靠性、市场成熟度、车辆供货及维护资源等方面进行全面比选，同时应遵循以经济性为核心，兼顾维护便捷、成熟可靠、满足功能需求的比选原则。

综上所述，捷运系统的总体设计应符合机场总体规划，满足机场对旅客捷运系统的总体要求，充分考虑与周边交通枢纽、商务区的衔接；同时，应具有较大的适应性，可为机场远期建设方案留有较大可变余地；捷运车辆的选型、运输组织方案应保证系统运营安全、可靠，保证机场服务水平的基本要求；设计方案应注重可实施性，并尽量减少工程投资规模；捷运系统应结合机场分期建设需要按照“一次规划、分期建设”的原则，逐步实现捷运总体方案。

3.3.3 交通设施总体布置

基于以上对道路交通、轨道交通、内部捷运等设施的布局规划，对大型空铁联运枢纽中航站楼、铁路车站的布局模式进行分析。

1. 航站区布局模式

航站区布局可分为分散式和集中式（图3-40），可结合机场实际用地情况进行选取。分散式布局的航站区一般由工作区进行分隔，各航站区独立运行。分散式布局的实际案例有美国亚特兰大国际机场和北京首都国际机场。

2. 航站楼布局模式

航站楼布局模式的分类主要基于航站楼和空侧站坪的布置特点，分为四类：集中航站楼、集中站坪，集中航站楼、分散站坪，分散航站楼、集中站坪，分散航站楼、分散站坪。具体案例如图3-41所示。

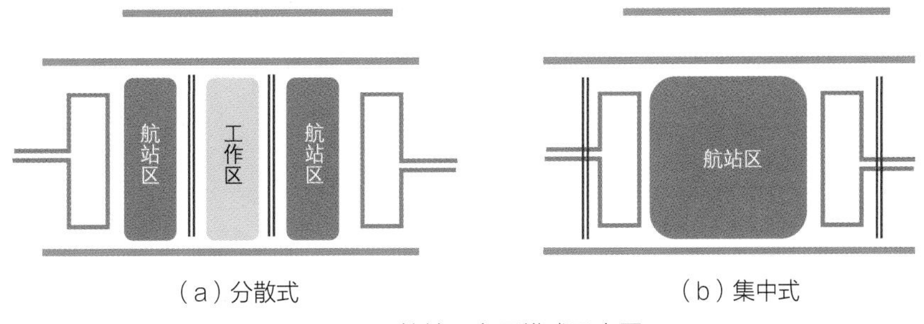

（a）分散式　　（b）集中式

图3-40　航站区布局模式示意图

（a）集中航站楼、集中站坪
（荷兰阿姆斯特丹史基浦机场）

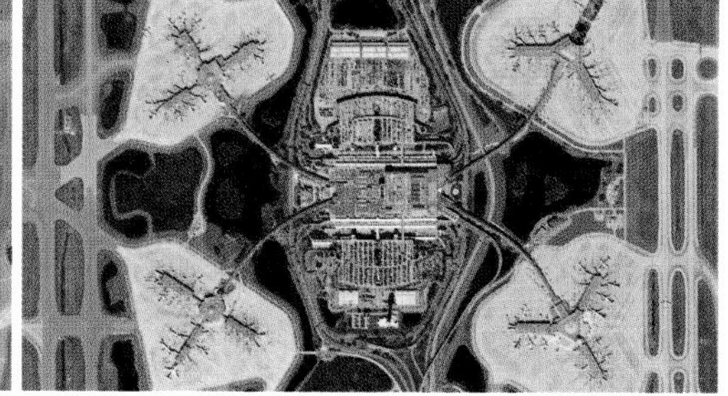

（b）集中航站楼、分散站坪
（美国奥兰多国际机场）

（c）分散航站楼、集中站坪
（美国洛杉矶国际机场）

（d）分散航站楼、分散站坪
（上海浦东国际机场）

图3-41 航站楼布局模式示意图

3．铁路车站布局模式

空铁联运枢纽的铁路车站布局模式分类基于其与航站楼的相对位置关系，可分为毗邻航站楼、居中航站区及邻近航站区三种。

空铁联运的典型案例德国法兰克福机场采用的即为毗邻航站楼的铁路车站布局（图3-42），航站楼与铁路车站通过高架连廊实现空铁联运旅客的快速换乘。

图3-42 毗邻航站楼布局（德国法兰克福机场）

铁路车站可根据具体情形布置在航站区内，一般为了兼顾铁路布线及各航站楼旅客换乘需要，铁路车站通常布置在航站区的中心位置（图3-43）。

针对大型铁路车站（新建）及既有机场情形，因用地原因无法将铁路车站布置于航站区内部，可考虑将其布置于邻近航站区区域（图3-44），机场与铁路车站之间则通过摆渡车实现旅客联运。

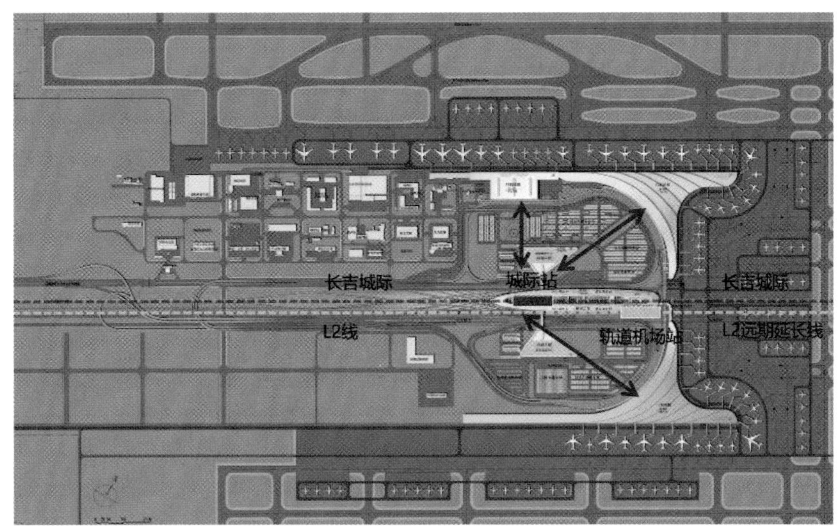

图3-43 居中航站区布局（长春龙嘉国际机场）

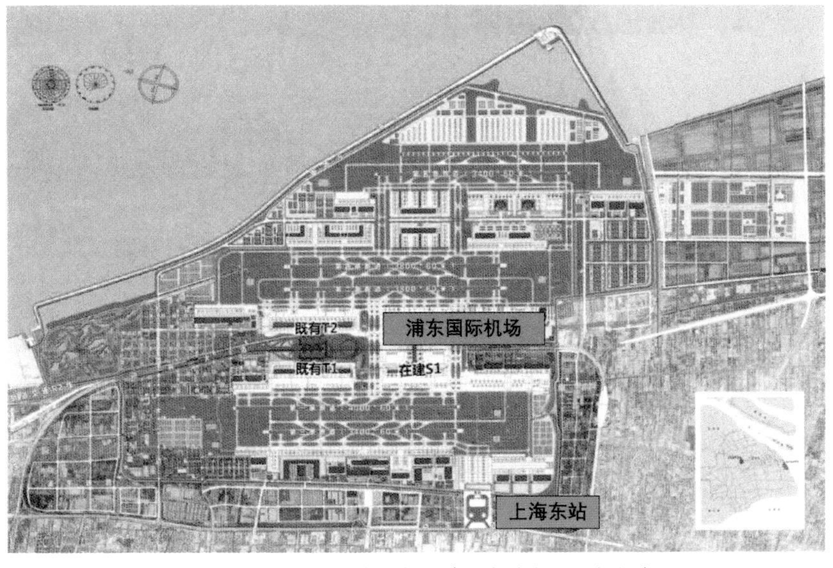

图3-44 邻近航站区布局（上海浦东国际机场）

3.4 本章小结

本章主要对空铁一体化枢纽的规划布局进行了分析研究，总结为以下三点。

1）根据国内外空铁联运枢纽的实际建设和运营案例对空铁联运的发展现状进行总结，引出空铁联运枢纽规划布局的特点。

2）通过阐述空铁联运枢纽的功能定位、机场铁路规划与衔接要求及空铁联运枢纽的交通需求预测方法，总结空铁联运枢纽规划要素与交通需求。

3）剖析空铁联运枢纽的布局要点，总结空铁联运枢纽的对外交通设施规划、内部捷运交通系统及交通设施总体布置。

4

多航站楼交通组织规划

在前面相关章节中本书介绍了部分国内外大型枢纽机场的相关案例，也简要论述了枢纽机场综合交通的基本概念及发展趋势，并对空铁一体化枢纽布局规划进行了详细阐述。由于在第3章对“空铁一体化枢纽”这一模式进行了系统说明，后续相关章节中对空铁一体化枢纽中高铁车站相关的综合交通配套工程不再赘述，相关介绍大多基于以航空业务量为主的枢纽机场。

由第2章枢纽机场改扩建模式中相关论述可知，国内枢纽机场改扩建后，多数枢纽机场均由多座航站楼组成，多航站楼机场的综合交通规划相对比较复杂，本章从枢纽机场总体布局入手，对多航站楼枢纽机场进行分类，并对不同类型的多航站楼枢纽机场综合交通枢纽规划要点进行论述。

4.1 基本概念

4.1.1 相关定义

多航站楼机场是民航行业快速发展的缩影，在机场总体规划中，很多机场会根据本机场航空业务量的发展进行多航站楼布局规划，该种规划模式不仅可以降低近期的建设成本，对机场远期的发展也可以预留较大灵活度；同时也要认识到每次改扩建对运营中的机场都是一个较大考验，多航站楼的融合发展及设施分配也是必须面对的问题。

在第2章中提到枢纽机场的改扩建模式，主要包含新建卫星厅、新建航站楼、新建航站区、异地选址迁建或新建第二机场共四种模式。其中，新建航站楼与新建航站区两种改扩建模式涉及对原机场综合交通的影响不同，不同航站楼之间综合交通规划内容就是本章所要讨论的重点。

接下来简要说明多航站楼机场相关概念。多航站楼枢纽机场主要包括连通多航站楼机场及独立多航站楼机场两种类型，其中连通多航站楼机场指机场有多座航站楼，不同航站楼之间不被跑道或者空侧区域分隔，各航站楼在机场内部形成一座集中陆侧服务区域的枢纽机场；独立多航站楼机场指机场有多座航站楼，不同航站楼之间被跑道或者空侧分隔，形成以各自航站楼为中心、相对独立陆侧服务区域的枢纽机场。

由上述概念可知，“新建航站楼”模式一般对应“连通多航站楼机场”，在此模式下，机场改扩建中综合交通规划设计主要需要考虑多座航站楼之间陆侧交通的融合设计；“新建航站区”模式一般对应“独立多航站楼机场”，在此模式下，机场改扩建中综合交通规划设计主要考虑不同航站楼独立陆侧交通系统之间的连接设计。以上两个综合交通规划特点也是本章主要展开论述的内容。

4.1.2 具体分类

通过梳理国内部分枢纽机场总体布局，依据跑道和航站楼的位置关系、航站楼间交通的连通情况，对上述连通多航站楼机场与独立多航站楼机场进一步细分为四种主要类型，分别为：类型一即航站楼在跑道一侧，类型二即航站楼在跑道之间且交通连续，类型三即航站楼被跑道分隔两侧，类型四即航站楼在跑道之间且被空侧打断，如表4-1中相关案例所示。

类型一（航站楼在跑道一侧）：航站楼均在跑道一侧，且单座或多座航站楼在机场内部道路上连通，如沈阳桃仙国际机场、成都双流国际机场、长沙黄花国际机场等。

类型二（航站楼在跑道之间且交通连续）：航站楼在跑道之间，多座航站楼在机场内部道路上连通，如北京大兴国际机场、上海浦东国际机场、海口美兰国际机场、广州白云国际机场、昆明长水国际机场、西安咸阳国际机场（西航站区）、郑州新郑国际机场、杭州萧山国际机场等。

类型三（航站楼被跑道分隔两侧）：航站楼被跑道分隔在两侧，航站楼及其配套设施形成各自相对独立系统，如上海虹桥国际机场、重庆江北国际机场等。

类型四（航站楼在跑道之间且被空侧打断）：结合目前机场扩建规划情况，也存在航站楼在两个跑道之间，航站楼间被空侧打断（卫星厅、联系跑道间的滑行道等），如西安咸阳国际机场（远期规划）、郑州新郑国际机场（远期规划）等。

四种类型布局　　表4-1

类型	布局	典型机场	典型交通图示
类型一	航站楼在跑道一侧	沈阳桃仙国际机场	跑道 航站楼 GTC 离场 进场

续表

类型	布局	典型机场	典型交通图示
类型二	航站楼在跑道之间且交通连续	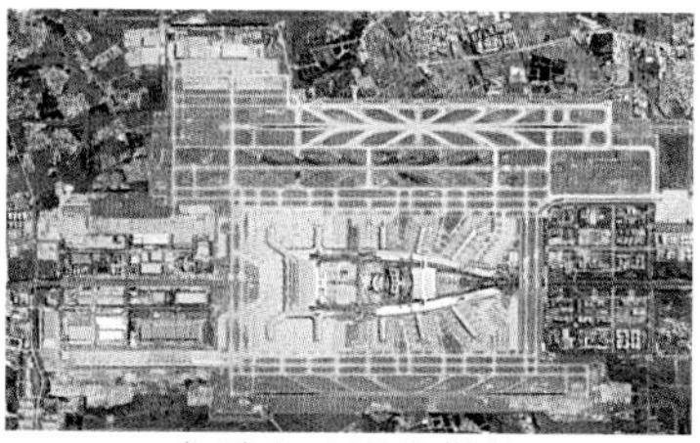 广州白云国际机场	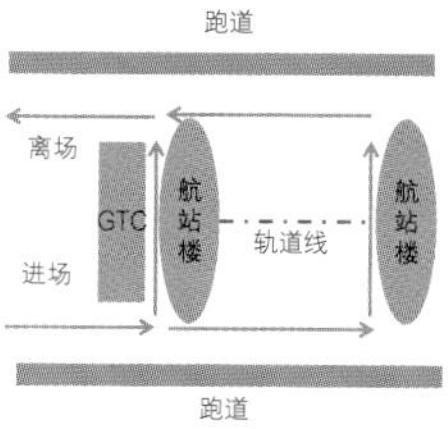
类型三	航站楼被跑道分隔两侧	 重庆江北国际机场	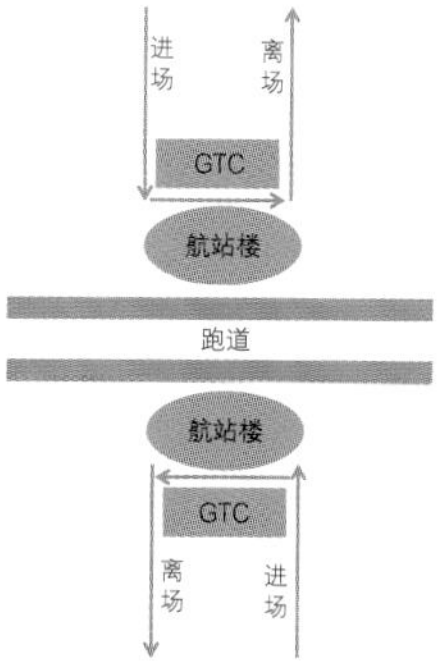
类型四	航站楼在跑道之间且被空侧打断	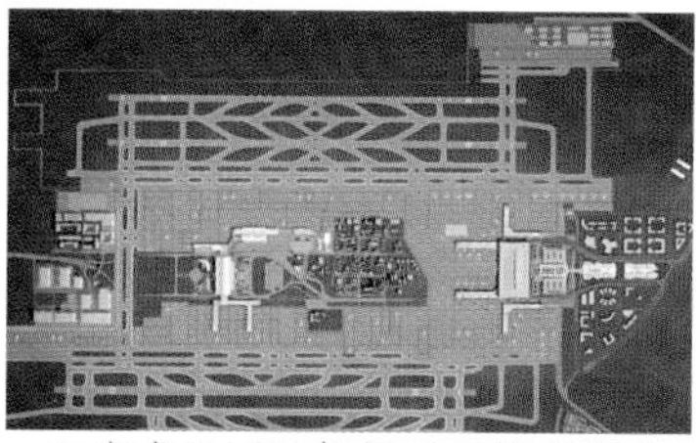 西安咸阳国际机场（远期规划）	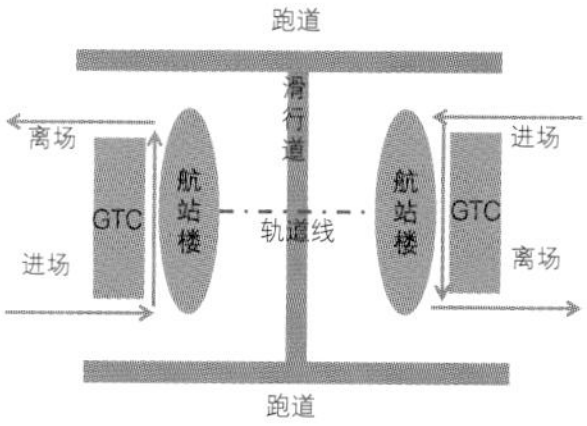

4.1.3 交通特征

在以上四种分类中，类型一及类型二属于连通多航站楼机场，类型三及类型四属于独立多航站楼机场。结合以上分类情况，对国内多航站楼机场进行梳理，如表4-2所示。

国内部分枢纽机场航站楼与跑道位置关系　　表4-2

机场名称	航站楼	跑道数	航站楼与跑道位置关系	类型
北京首都国际机场	T1、T2、T3	3	T1、T2在跑道之间且连通，与T3分隔	二+三
上海虹桥国际机场	T1、T2	2	航站楼被跑道分隔两侧	三
上海浦东国际机场	T1、T2	5	航站楼在跑道之间	二

续表

机场名称	航站楼	跑道数	航站楼与跑道位置关系	类型
郑州新郑国际机场	近期：T1、T2	2	航站楼在跑道之间且连通	二
	规划：T1、T2、T3（在建）	4	航站楼在跑道之间，被空侧分隔	四
西安咸阳国际机场	近期：T1、T2、T3	2	航站楼在跑道之间且连通	二
	规划：T1、T2、T3、T5（在建）	4	航站楼在跑道之间，被空侧分隔	四
重庆江北国际机场	T1、T2、T3A	3	航站楼被跑道分隔两侧	三
广州白云国际机场	T1、T2	3	航站楼在跑道之间	二
深圳宝安国际机场	T3	2	航站楼在跑道之间	二
海口美兰国际机场	T1、T2	2	航站楼在跑道之间	二
长沙黄花国际机场	T1、T2	2	航站楼在跑道一侧	一
南京禄口国际机场	T1、T2	2	航站楼在跑道之间	二
沈阳桃仙国际机场	T3	1	航站楼在跑道一侧	一
西宁曹家堡国际机场	T1、T2	1	航站楼在跑道一侧	一
成都双流国际机场	T1、T2	2	航站楼在跑道一侧	一
成都天府国际机场	T1、T2	3	航站楼在跑道之间	二
昆明长水国际机场	T1	2	航站楼在跑道之间	二
杭州萧山国际机场	T1、T2、T3	2	航站楼在跑道之间	二

连通多航站楼机场（类型一、类型二）综合交通主要特征为：连通多航站楼枢纽机场各航站楼一般围合为一个完整的陆侧区域，各航站楼一般共用相同的场外进离场系统；根据航站楼与综合换乘中心（GTC）的布局，多航站楼可共用同一个综合换乘中心，也可以各航站楼分别设置GTC；轨道交通及公共服务车辆应根据不同的GTC布局模式，可考虑在多个GTC中设置轨道交通站点及公共服务车辆场站，满足不同航站楼的服务要求；社会停车设施布局应根据航站楼具体分布模式，在每座航站楼前均应设置相应的社会车场，满足航站楼到发社会车辆停车需求。连通多航站楼机场场内车行交通系统非常复杂，各航站楼之间如何在场内实现到发分流、互联互通、交通融合需要进行综合考虑，也是连通多航站楼机场综合交通规划的关键。

独立多航站楼机场（类型三、类型四）综合交通主要特征为：由于各航站楼被跑道或者空侧分隔，而形成相对独立的陆侧服务区域，各航站楼一般采用不同的场外进离场系统，其交通特征与连通多航站楼机场有一定区别。如果独立多航站楼机场形成的各自独立陆侧服务区域中只有单一机场，则可按照本书相关章节中综合交通设计要点展开规划设计；如果各自独立陆侧服务区域中还包含多座机场，则该独立区域的综合交通规划设计参考连通多航站楼机场模式开展。总的来说，独立多航站楼机场各独立的陆侧服务区域之间的连通及场外进离场交通的分配是需要进行着重考虑的两点，也是独立多航站楼机场综合交通规划的关键。

4.2 连通多航站楼机场交通规划

由交通特征分析可知，连通多航站楼机场陆侧交通非常复杂，本节以出发流程为着力点，以相关案例为基础，对多航站楼机场出发布局模式进行分析，由此对连通多航站楼机场综合交通的规划设计相关要点进行扩展讨论。

4.2.1 模式一：出发流程并联模式

首先来看两个多航站楼枢纽机场的案例。

1. 新加坡樟宜机场

新加坡樟宜机场2019年旅客吞吐量为6830万人次，包含T1、T2、T3三座航站楼，是典型的多航站楼枢纽机场。

樟宜机场在处理多航站楼到发系统设置时，采用相互独立的规划设计手法，各航站楼的进离场系统在核心区范围内基本相互独立、互不干扰，进场系统独立后，相应的出发系统形成三个独立循环（图4–1），以满足三座航站楼相对独立、相互备份的运营要求。樟宜机场各航站楼出发流程进离场路径如图4–1所示。

2. 厦门翔安国际机场

厦门的新机场翔安国际机场位于福建省厦门市翔安区大嶝岛，本期规划年旅客吞吐量为4500万人次（T1），终端年旅客吞吐量为8500万人次（T1、T2、T3）。其远期规划也是典型的多航站楼机场，本期T1航站楼与远期T2、T3航站楼共同围合为机场的主要陆侧服务区域（图4–2）。

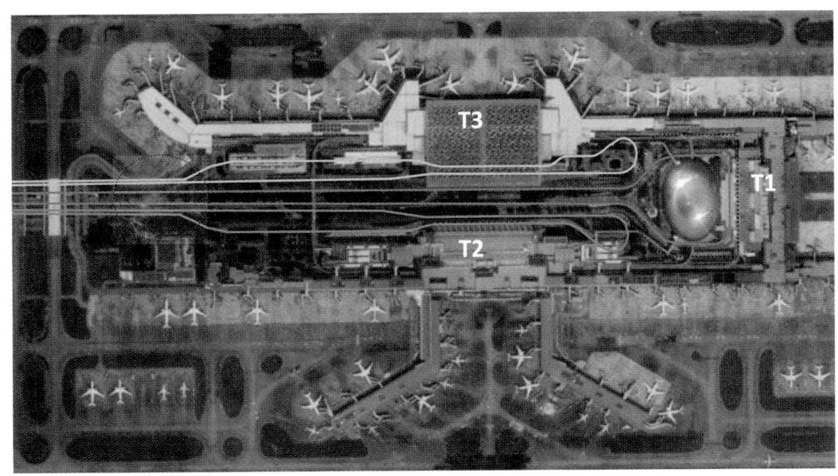

图4-1 新加坡樟宜机场各航站楼出发流程进离场路径示意图

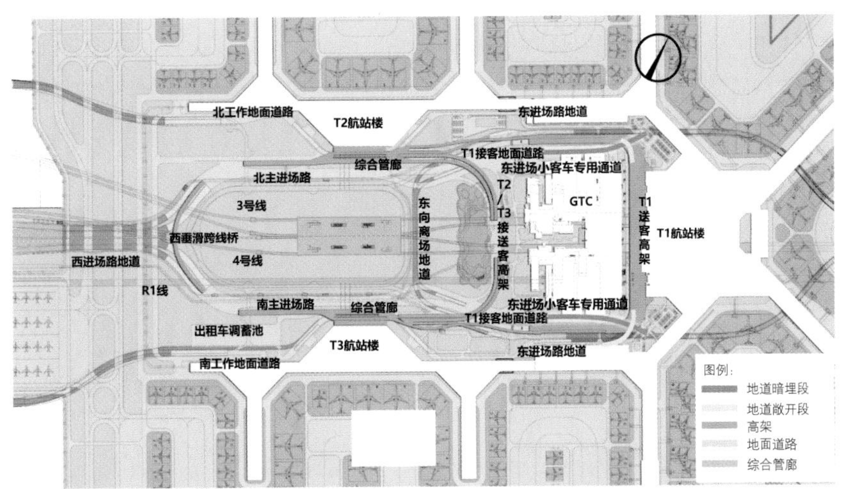

图4-2 厦门翔安国际机场远期核心区内交通设施布置图

在多航站楼出发、到达系统融合设计中，厦门翔安国际机场与新加坡樟宜机场处理手法类似。厦门翔安国际机场通过构建相对独立的循环系统，保证每座航站楼能够相对独立地完成到发流程，相互干扰较小，同时可以匹配航站楼的分期建设要求。其核心区主要的陆侧服务设施及到发流程如图4-3所示。从流程示意图中可看出，T1、T2、T3三座航站楼出发、到达主流程相互独立，形成各自独立的出发循环系统，以满足各航站楼出发车道边对旅客的服务保障要求；本期T1设置独立GTC，远期T2、T3航站楼共用另一个GTC。

以上对新加坡樟宜机场及厦门翔安国际机场主要到发流程作了简要介绍，这两座

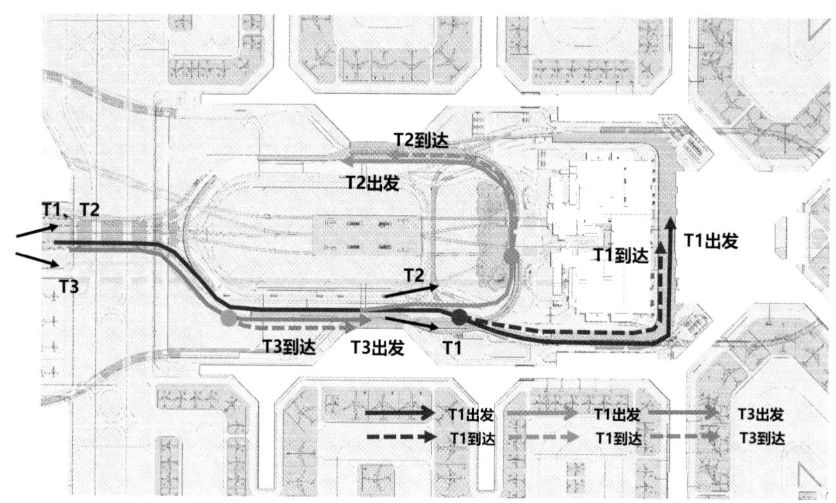

图4-3 厦门翔安国际机场远期多航站楼出发、到达流程示意图

机场的出发系统布局模式是多航站楼机场出发系统布局模式中最基本的一种，即多个航站楼出发系统各自独立成环，设置相对独立的路径完成出发车辆送客进离场流程，各航站楼出发系统“并联”设置，这种模式被称为出发系统并联模式。在此布局模式下，机场分流指引模式为先指引相应航站楼，再针对具体航站楼的出发、到达流程进行分流指引。

该种模式能够很好地适应多航站楼机场分期建设的要求，广泛应用于多航站楼机场的交通规划布局，对于多座航站楼体量相差不大且规划吞吐量总量较大的机场非常适用。当然也要认识到，由于多套循环系统的存在，车道边上下匝道的合理布置、不同航站楼的提前分流、多航站楼之间出发道路容错的设置等对核心区场地要求较高。因此，在机场多航站楼扩建过程中，需要对多航站楼出发系统进行详细论证比选，因地制宜地开展机场总体规划的修编工作。

4.2.2 模式二：出发流程串联模式

本节讨论出发流程布置的第二个模式，同样由案例入手。

杭州萧山国际机场规划设计旅客吞吐量为9000万人次/年，包含T1、T2、T3、T4共4座航站楼，主要的出发及到达系统可以概括为两个独立出发环+一个到达环，其中T1、T2、T3航站楼共用一套出发系统，T4独立拥有一套出发系统，如图4-4所示。

杭州萧山国际机场到发系统总体布置原则与厦门翔安国际机场有一定类似，笔者从中选取不一样的规划要点。可以看到，杭州萧山国际机场T1、T2、T3三座航站楼共用

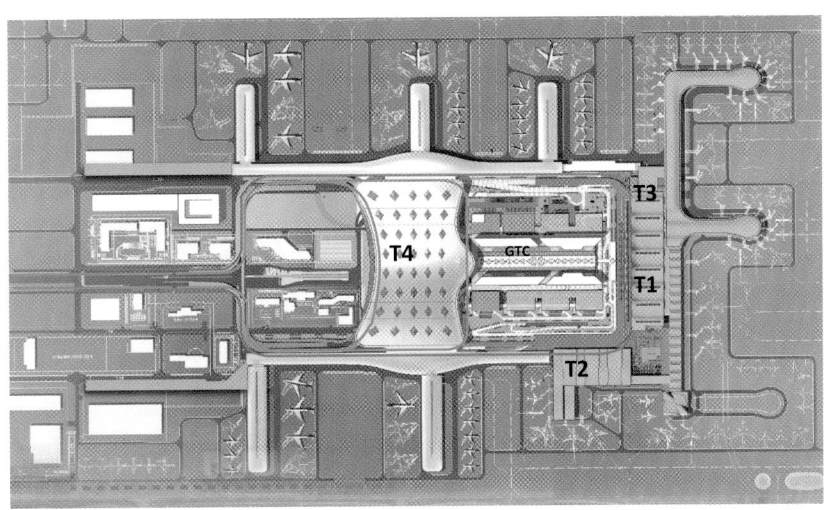

图4-4 杭州萧山国际机场旅客出发流线示意图

同一套出发系统，即T1、T2、T3航站楼出发车道边串联设置，出发送客车辆依次通过T2航站楼、T1航站楼及T3航站楼，出发车辆如在T2航站楼完成送客，车辆仍需要通过T1、T3航站楼前车道边进行离场。

这种模式是多航站楼机场第二种典型的出发布局模式，即多座航站楼出发车道边串联布置，出发送客车辆依次经过各航站楼楼前出发车道边完成送客流程，这种模式被称为出发系统串联模式。在该种模式下，机场分流指引模式一般为先进行出发、到达流程分流，进入出发或到达系统后，再指引相应航站楼，完成相应的出发、到达流程。

该种模式一般适用于各航站楼吞吐量均较小的机场，或一座主航站楼规划吞吐量较大与其他小吞吐量航站楼结合的机场。该模式对于出发送客车辆较为友好，配合到达流程的优化，进场车辆只需在出发、到达流程上进行一次分流即可，可以一定程度减少机场进离场主流程上的分合流数量，减少进离场主流程上的交织，减少场内容错道路的设置，使主流程更加清晰简洁。同时必须认识到，该种模式对出发流程的保障要求很高，如果在出发流程出现单一拥堵点均会对各航站楼产生影响，在前期规划设计阶段必须做好充分评估。

以上介绍了多航站楼机场两种典型的出发布局模式，它们不是孤立存在的，在很多机场，两种模式同时使用，如案例中杭州萧山国际机场虽然T1、T2、T3航站楼的出发流程采用的是模式二，从全局出发T4航站楼出发流程与T1、T2、T3航站楼总体流程又是采用的模式一，是非常典型的两种布局模式融合的多航站楼机场。

4.2.3 多航站楼机场陆侧交通改造

前文介绍了多航站楼机场的两种出发布局模式，由于多航站楼机场都是逐步改扩建而成的，多航站楼机场在扩建中如何选择出发布局模式对机场陆侧总体规划的调整至关重要。在本节以西安咸阳国际机场西航站区改扩建项目为例，系统展示机场改扩建过程中陆侧交通的模式选择。

西安咸阳国际机场T1、T2、T3航站楼围合为一个独立的陆侧服务区域，共同组成西航站区，为典型的连通多航站楼枢纽机场。西安咸阳国际机场西航站区交通历经多次优化调整，其主要两个阶段的交通情况如下。

1. T3航站楼建成后（2012~2018年）

T3航站楼于2012年建成投入运营，T3航站楼建成后三座航站楼组成的西航站区基本形成，西航站区规划吞吐量为3100万人次/年，由于T1航站楼规划吞吐量极小且相对独立，本次交通规划分析以T2、T3两座航站楼为主，其中T2、T3两座航站楼共用东、西两个方向进场通道，东、西两个方向进场车辆都可以通过场内进行分流，完成相应的出发、到达功能。

该阶段西安咸阳国际机场各航站楼采用的是典型的出发流程并联模式，即T2、T3航站楼分别设置相应的出发车道边、停车场及贵宾服务等功能设施，进场旅客需要在进场路径上先选择航站楼，再选择对应航站楼的出发或到达设施，如图4-5所示。

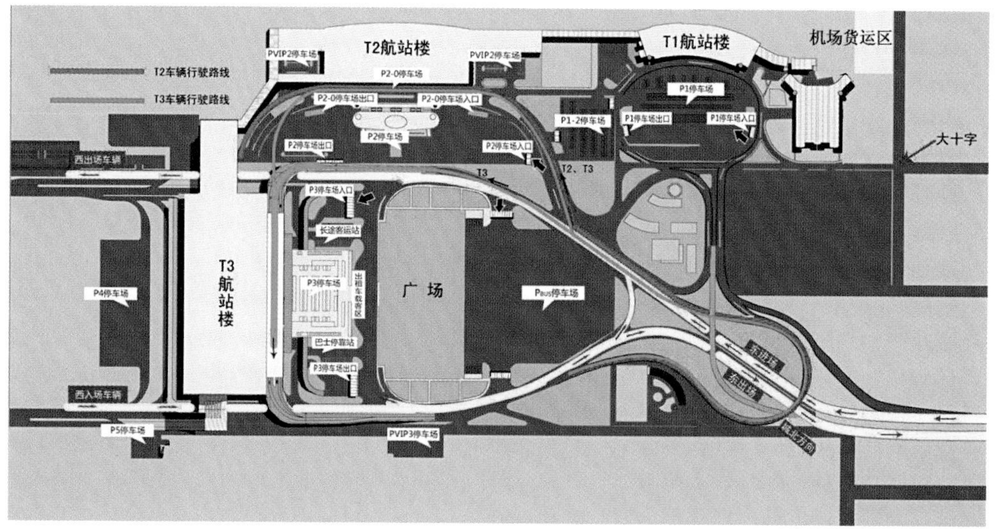

图4-5 西安咸阳国际机场T3航站楼建成后西航站区主要进离场流程示意图

2. 西航站区交通改造后（2019年至今）

西安咸阳国际机场于2017年实现了4186万人次的旅客吞吐量，而道路交通系统是2012年二期扩建时按照旅客吞吐量3100万人次/年配套建设，机场航站楼容量和陆侧交通相关基础设施已经无法满足航空旅客增长的需求。2018年随着机场客流量增长，机场陆侧配套资源紧缺矛盾进一步凸显，既有机场内部的交通系统难以适应大交通量的通行需求，高峰期间部分路段经常出现道路拥堵，车辆在进出场道路上的交织、冲突较多。在三期扩建工程未完成并投入使用前，为配合机场客运需求的持续增长，改善既有交通服务水平，对机场西区的道路交通系统进行重新梳理、重新组织，旨在一定程度上缓解交通拥堵压力、提升旅客出行体验。

（1）主要矛盾

2017年旅客吞吐量为4186万人次，已经超过设计目标年（2020年）3100万人次的旅客吞吐量，经过测算，西侧进、离场路段饱和度在0.58～0.67，东侧进、离场路段饱和度在0.33～0.34，交通顺畅；核心区西侧进场路段饱和度超过1，东侧上高架出发路段接近1，核心区出现严重拥堵（图4-6）。与设计的旅客吞吐量相比，目前的路网还有一定的承载空间，但部分路段已超过其承载能力，特别是遇到节假日或出游高峰期，会导致机场大面积交通拥堵，大大影响旅客的出行体验。

在东区未投运前，预测2021年机场的运营情况（图4-7），通过分析可知，西侧进、离场路段饱和度接近1，东侧进、离场路段饱和度约为0.75，核心区大部分路段饱和度超过1，出现严重拥堵（图4-8）。交通堵塞从2017年的局部扩大到整个场区，严重影响机场正常运营。

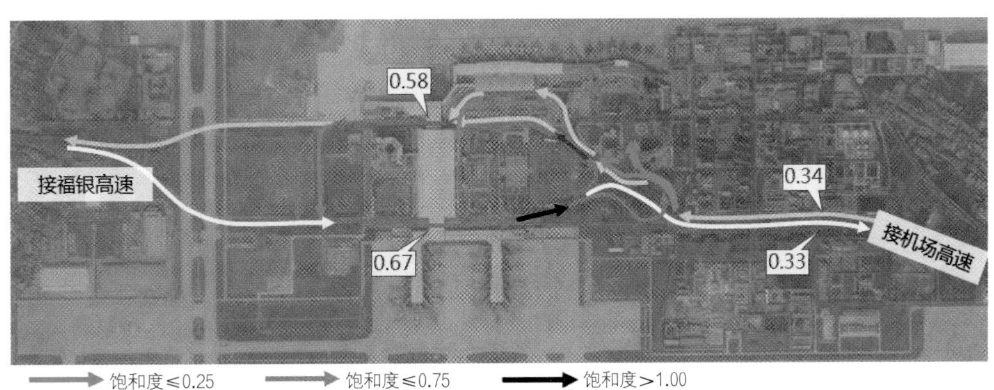

图4-6　西安咸阳国际机场2017年数据机场道路饱和度测算图

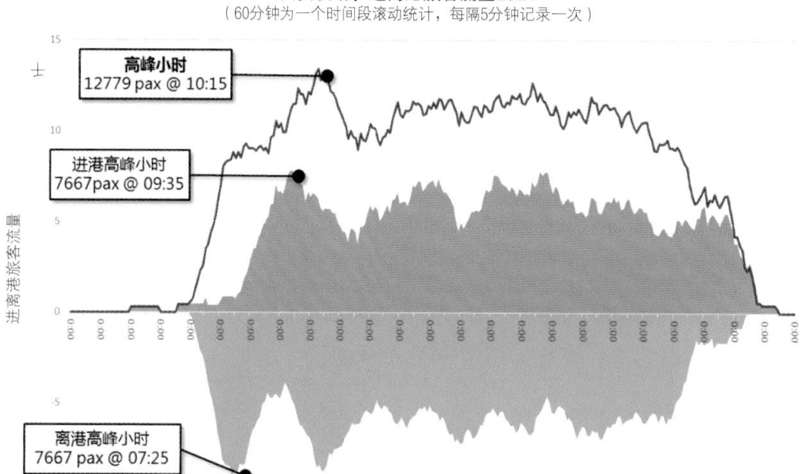

图4-7 西安咸阳国际机场2021年预测流量高峰小时进港、离港人数图

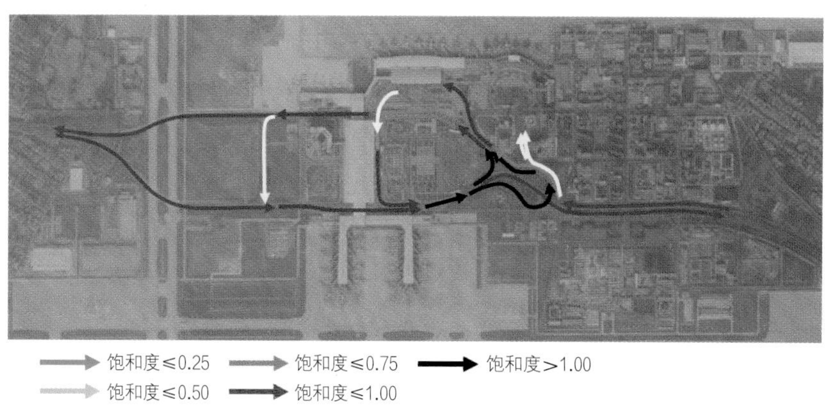

图4-8 西安咸阳国际机场2021年数据机场道路饱和度测算图

（2）数据分析

通过对现状道路系统进行梳理分析，对影响交通顺畅运行的因素总结如下。

1）在机场有限的范围内存在东、西两个方向的进出场交通，交通流线多，交通组织复杂。

2）航站区内各类交通车流交织比较严重，进出场交通混流情况比较突出。

3）核心区交通标识判断距离短，标志牌信息过多，影响驾驶人判断效率。

4）停车位不足、航站楼出发层接客现象普遍存在等，影响送客效率。

5）在东区未建成投运前，西区依旧承担全部的机场运营任务，结合饱和度预测分析，交通堵塞将会从局部逐步扩大到整个场区，影响机场正常运行。

结合以上影响因素，在尽量保留现状设施及控制投资前提下对机场整体的交通进行全面梳理并重新规划交通流线。

（3）改造策略

在有限区域内需要理顺各种交通工具出发、到达的流线，交通组织复杂，几乎是大部分机场，特别是大型枢纽机场的特点，是客观存在的问题。西安咸阳国际机场有两个方向可进场、离场，在为旅客提供多通道出行便利的同时，也进一步加剧了场内交通交织。

在改造前，机场出发和到达混流，分合流点决策信息过多，驾驶人无法快速判断目的路径，造成通行效率降低，在本就饱和的机场承载能力下，又进一步加重了路网负担。本次改建交通规划主要采取的策略为：优化出发流程，出发流程并联模式改串联模式；优化到达流程，整合楼前停车场。

1）优化出发流程，出发流程并联改串联模式。

结合机场航站楼的布置及既有路网格局，建议优化出发流程，出发流程并联模式改串联模式。为了便于有效规划陆侧交通，在设计中应首先考虑航站楼的出发流程，本次通过新建出发上匝道桥，利用T2、T3航站楼前高架（保留T2、T3航站楼前的出发层高架桥，只拆除T2、T3航站楼上匝道桥）形成半环形的出发高架系统串联T2、T3航站楼，在T2航站楼前拼宽两车道高架桥，作为前往T3航站楼送客车辆的过境通道。在既充分利用现有设施的基础上，又能很好地解决出发主流程，同时规划东离场地道，解决核心区内流线交织问题（图4-9、图4-10）。

2）优化到达流程，整合楼前停车场。

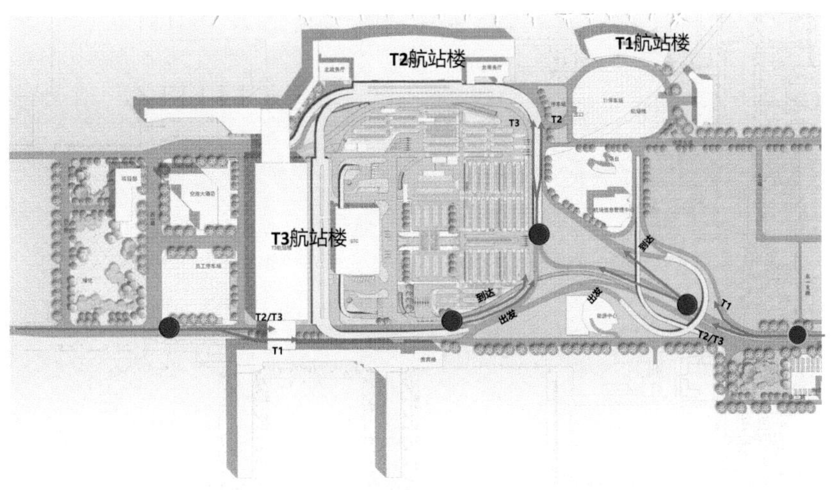

图4-9　西安咸阳国际机场西航站区改建分流示意图

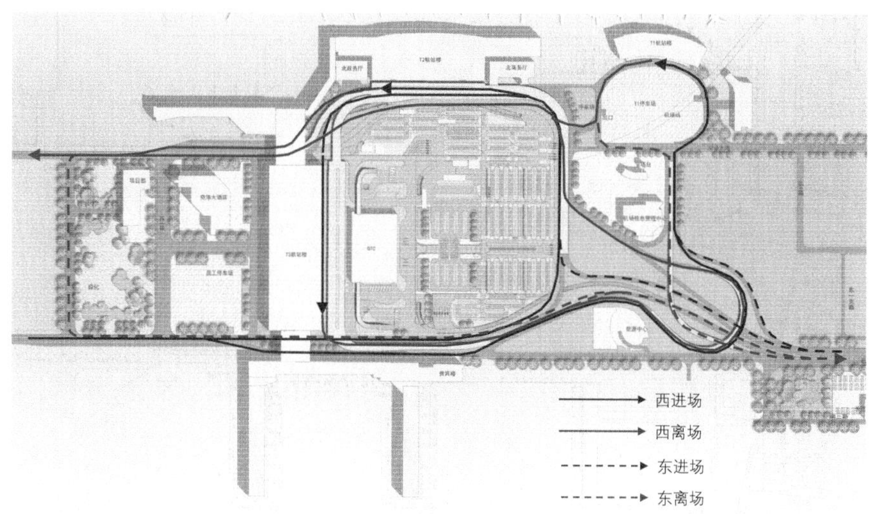

图4-10 西安咸阳国际机场西航站区改造后出发流程

在以上出发、到达流程分离的基础上，优化到达流程，整合楼前停车场。将原有分隔T2、T3航站楼到达流程的穿场道路北移，不区分T2航站楼停车及T3航站楼停车，将原有独立的P2、P3停车场整合为一个停车场，解决到达流程融合问题，以及尽量减少不同航站楼到达流程识别的问题（图4-11）。

在到达流程中，社会停车功能整合优化后，合理规划各功能区的交通流线，如机场大巴、出租车、长途大巴、社会车辆停车区及政务商务贵宾厅等停车区流线。

西安咸阳国际机场西航站区陆侧交通的优化改造对多航站楼机场陆侧交通布局方案

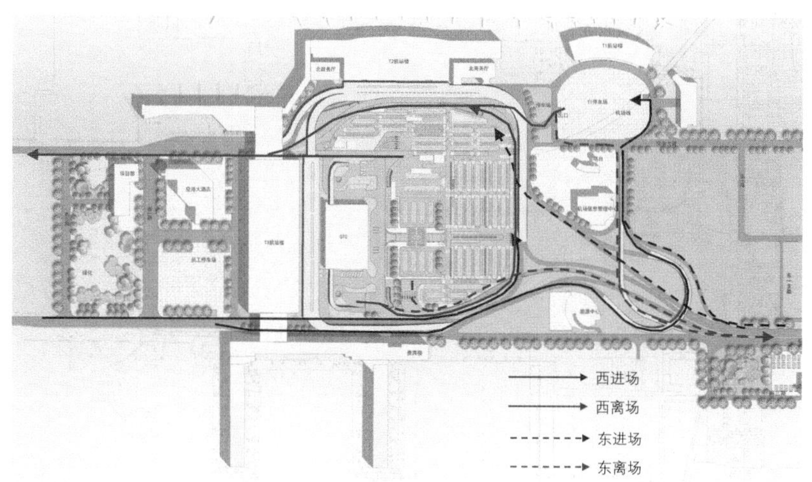

图4-11 西安咸阳国际机场西航站区到达流程

规划有较强的示范意义。连通多航站楼机场陆侧交通总体规划非常复杂，如何在航站区有限的核心区场地范围内融合多航站楼的出发、到达流程是陆侧交通方案布局的关键。本节通过多个案例对陆侧交通出发流程模式进行划分，分为“出发流程并联模式”及“出发流程串联模式”两种典型模式，并对相应模式的适应性进行分析。

4.3 独立多航站楼机场交通规划

在上述对连通多航站楼机场交通规划相关要点分析论述的基础上，笔者对独立多航站楼机场交通规划进行简要分析。独立多航站楼机场会被分隔为多个独立航站楼的陆侧区域，每座独立航站楼的陆侧服务区域内的交通规划可以参考第6章场内交通规划及本节中连通多航站楼机场相关要点，本节不再赘述，本节以如何规划各独立航站楼之间的交通联系为主展开分析。

4.3.1 多航站楼机场交通分类

本节先对机场的交通分类进行简要说明。广义机场交通构成主要有外部交通和内部交通两种，其中外部交通指市区通过城市规划的骨干路网进出机场的交通设施，内部交通设施指机场核心区内部规划前往机场各目的地的相关交通设施。交通工具一般有私家车、出租车、机场大巴、长途大巴、机场内部摆渡车、普通铁路、高速铁路、磁悬浮、城际铁路、地铁、捷运等。

1. 不同种类车辆的多航站楼交通流程

乘坐私家车、出租车的旅客一般会根据提前了解的航班信息有目的性前往机场所在航站楼，对于单航站楼机场或连通多航站楼机场，旅客到发地点错误，可通过场内道路绕行纠错；对于独立多航站楼机场，若出现到发地点航站楼错误，除了通过陆侧车行交通绕行外（一般绕行距离较远、时间较长），还可通过换乘轨道交通或乘坐机场摆渡车等前往正确航站楼。

机场大巴一般服务机场所在城市市区的旅客，针对连通多航站楼机场，根据机场管理单位制定行驶线路前往各航站楼送客；对于独立多航站楼机场，为了减少航站楼间的绕行、提高旅客的乘车体验，管理单位可分区设置机场大巴场站、配置各独立航站楼的专属车辆。到达旅客一般可在综合交通中心机场大巴候车区等待上客。

长途大巴一般服务机场周边省内城市及县城旅客，服务距离比机场大巴远，往返机场与各县城站点时间较长；接、送客流程与机场大巴相似。

2. 空、陆侧交通联系

由于独立多航站楼机场各独立的陆侧服务区域被空侧或跑道分隔，一般会设置相对独立的进场、离场交通，同时需充分考虑各独立航站楼之间的交通衔接。

航站楼之间交通衔接主要分陆侧衔接及空侧衔接（一般不需要二次安检），其中陆侧衔接一般会借用城市轨道交通、设置专用的联络地道或者外围道路来联系；轨道交通在城市发展中扮演着重要角色，机场在引入轨道交通线路时会结合其终端年规划来设置站点。按照建设时序，机场轨道交通线一般会先接入老航站楼，随着机场改扩建，该轨道交通线会进一步延伸至新建航站楼，并在同步建设的综合交通中心内设置站点，通过这种方式，独立多航站楼间就可以实现陆陆衔接。

空侧衔接一般是通过捷运系统实现，捷运由于其运行速度快、免购票等优点，被越来越多的枢纽机场作为首选。

4.3.2 相关案例

本节以西安咸阳国际机场东、西两个航站区之间交通联系的规划设计为案例，简要说明独立多航站楼机场在总体规划阶段对各独立服务区域之间交通联系的规划手法。

根据2016年版总体规划（图4-12），西安咸阳国际机场本期包括4座航站楼及3个卫星厅，其中西航站区有3座航站楼（T1、T2、T3），东航站区有1座航站楼（T5），东、

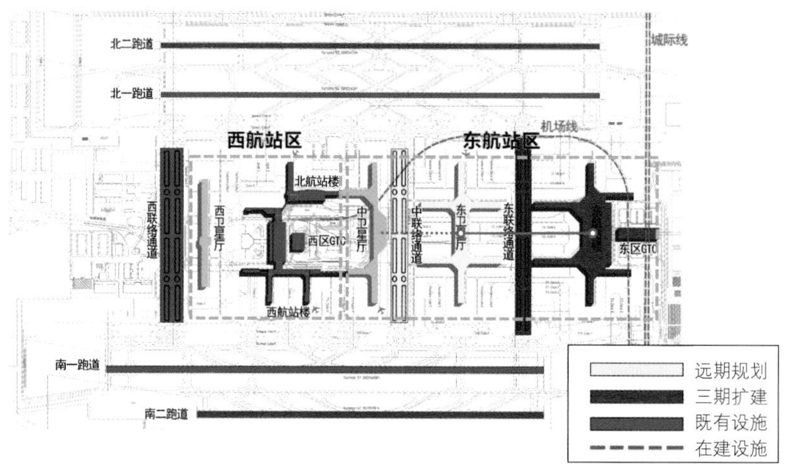

图4-12 西安咸阳国际机场东、西航站区总体布局图（2016年总体规划修编）

西航站区各自形成一个独立的陆侧服务区域，为典型的独立多航站楼机场。

为适应东、西航站区双区运营的需求，西安咸阳国际机场未来对外交通将形成东、西两个相互独立完善的系统，引导车辆从东、西两个方向进出机场，均衡机场交通流量，减少穿场及绕行交通，交通总体规划为：东进东出、西进西出，东西连通。

东进东出：东航站区的旅客主要从东侧路网进出，进、离场交通通过机场专用高速公路、绕城高速公路实现对外交通联系；内部交通与单航站楼一样，通过规划完善的内部道路实现东航站区各种车辆流程。

西进西出：西航站区的旅客主要从西侧路网进出，进、离场交通可通过福银高速公路实现对外交通联系，西侧的立交可连接连霍高速公路、京昆高速公路、包茂高速公路、福银高速公路和沪陕高速公路，对外有较好的交通转换。西航站区拥有连通的多航站楼，利用内部道路即可实现各航站楼间的交通联系。

东、西连通包括陆侧衔接及空侧衔接。

（1）陆侧衔接

轨道交通：市区外有城际铁路、市区内有地铁线路，选择轨道交通的旅客在东交通换乘中心通过地铁14号线实现两区间的陆侧衔接。

地下通道：考虑两区间员工调度及机场内部车辆、社会车辆等两区间容错应急等需要，规划陆侧地下通道进行交通衔接。本期规划一条南陆侧地道，双向六车道，作为机场内部联系通道。

地面联系：结合周边路网，合理规划外围道路、设置引导指路标牌，联系两区交通。西安咸阳国际机场两区间地面联系采用沣泾大道衔接（图4–13）。

（2）空侧衔接

规划一条连接东、西航站区航站楼的通道，同步串联中、东卫星厅；在东航站楼集中安检，能够实现一次安检、高效快速的空侧衔接（图4–14）。

东、西航站区航站楼间的衔接对于双区运营的机场是基本的保障要求，从运营管理角度来说，机场可以在多座航站楼灵活规划机场大巴、长途大巴等公共交通站点和运营线路；同时，多区联系也是对机场交通安全的一种冗余保障，确保主要进场通道出现紧急状况时，可以通过引导措施从另一个方向进出航站楼，保障机场运营安全，提高机场和道路交通的安全可靠性。

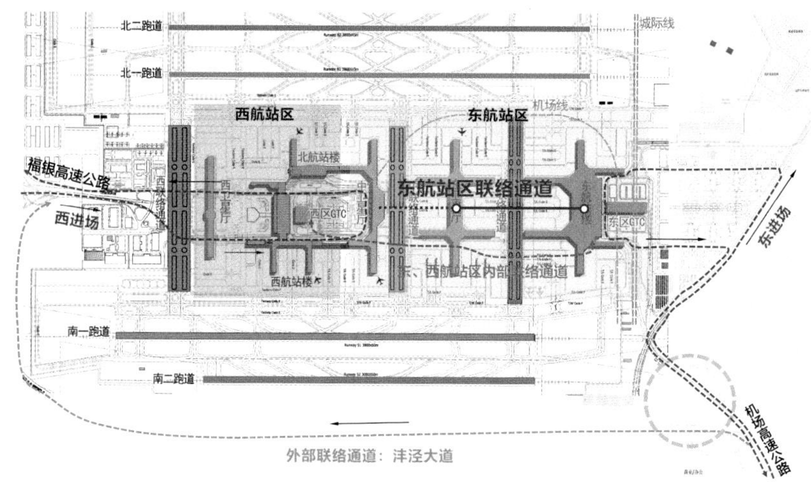

图4-13　西安咸阳国际机场东、西航站区联系示意图

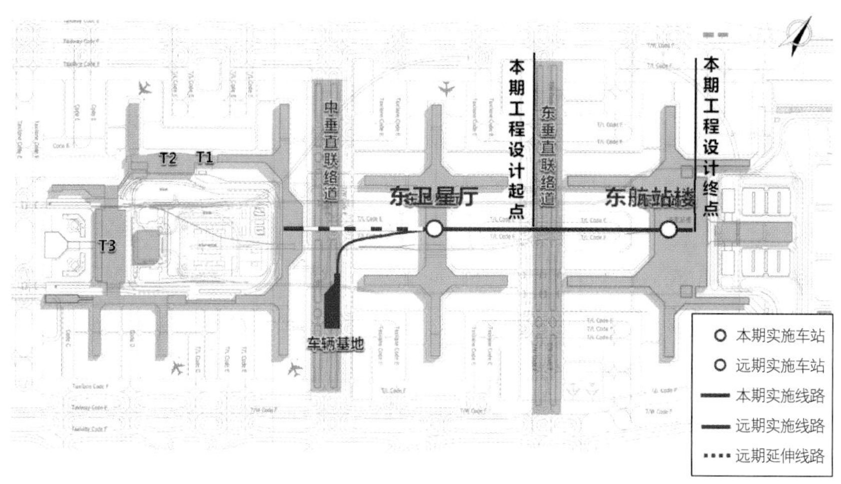

图4-14　西安咸阳国际机场空侧捷运规划示意图（2016年总体规划）

4.4　本章小结

本章主要介绍多航站楼机场交通规划要点，其中根据多航站楼机场中陆侧服务区域是否各自独立，将多航站楼机场区分为连通多航站楼机场及独立多航站楼机场，并结合相关案例对交通相关要点进行分析，具体小结如下。

1）本章主要介绍新建航站楼与新建航站区两种改扩建模式对原机场综合交通的影响及综合交通规划。其中，对多航站楼枢纽机场进行了分类，主要包括连通多航站楼机场及独立多航站楼机场两种类型；“新建航站楼”模式一般对应“连通多航站楼机场”，“新建航站区”模式一般对应“独立多航站楼机场”，前者在改扩建交通规划中主要考虑多座航站楼之间陆侧交通融合，后者考虑不同航站楼独立陆侧交通系统之间的连接设计。

2）通过梳理国内枢纽机场总体布局，依据跑道和航站楼的位置关系、航站楼间交通的连通情况，将“连通多航站楼机场”与“独立多航站楼机场”细分为四种主要类型，分别为：类型一即航站楼在跑道一侧；类型二即航站楼在跑道之间且交通连续；类型三即航站楼被跑道分隔两侧；类型四即航站楼在跑道之间且被空侧打断。

3）连通多航站楼机场交通规划以出发流程为着力点，主要讨论了两种出发流程模式，即并联模式和串联模式。总结了两种模式的特点，其中并联模式为，多座航站楼出发系统各自独立完成出发车辆送客进离场流程、能够较好地适应多航站楼机场分期建设的要求，对于多座航站楼体量相差不大且规划吞吐量总量较大的机场较为适用，由于多套独立到发循环系统的存在，不同航站楼的提前分流、出发容错的设置等对核心区场地要求较高。串联模式为，一般适用于各航站楼吞吐量均较小的机场，或一座主航站楼规划吞吐量较大与其他小吞吐量航站楼结合的机场，出发流程清晰明确，一般进场车辆只需进行一次主流程的到发分流，一定程度减少进离场主流程上的分合流数量，减少了交织及场内容错道路的设置。但对出发流程的保障要求很高，如果在出发流程出现拥堵会对各航站楼产生影响。

4）基于西安咸阳国际机场西航站区改造实例，结合场内交通基本情况、现状基础设施，东航站区建成投运后东、西两区运营配比等因素，简介该航站楼的改造过程：连通多航站楼机场出发流程由改造前的并联模式优化为串联模式，并统一整合楼前停车场，整体改造后，简化了到发流程，提高了旅客通行效率。

5）以西安咸阳国际机场东、西两个航站区之间交通联系的规划设计为案例，介绍了独立多航站楼机场在总体规划阶段对于各独立服务区域之间交通联系的规划思路。由于独立多航站楼机场各独立的陆侧服务区域被空侧或跑道分隔，一般会设置相对独立进场、离场交通，同时需充分考虑各独立航站楼之间的交通衔接。陆侧衔接一般会借用城市轨道交通、设置专用的联络地道或者外围道路来实现，空侧衔接一般是通过捷运系统实现。

5
综合交通中心规划

前面相关章节对枢纽机场相关的总体要点进行了分析说明。本章开始将重点聚焦到枢纽机场各种综合交通具体配套设施的规划与设计上，从核心区综合交通设施依次向外开始论述。

目前国内大型航空枢纽在进行航站楼前核心区规划时，作为航站楼主要配套设施的设置区域，需要满足除了空侧及航站楼以外的绝大多数配套功能，包括综合交通中心（GTC）、停车楼（场）、楼前车道边、进离场道路、场内道路、机场贵宾服务区、楼前酒店、楼前景观绿化等。

在上述配套设施中，综合交通中心作为实现各种交通在楼前换乘的基础交通配套建筑，同时也承担大型航空枢纽的基本配套功能，必须予以重点关注。本章在第3章航站区总体布局相关说明的基础上，从总体规划布局及交通换乘的角度简要介绍航站楼前GTC的相关规划设计要点。

5.1 基本概念

在前面提到，民航枢纽综合交通是一个复杂系统的工程，包含了高（快）速路交通、城市道路交通、机场内部交通、轨道交通、铁路交通、捷运等各种类的交通形式。如何使各种交通的换乘更加便捷高效，使各种交通旅客能够便捷地与航空旅客进行角色转换与联系，是民航枢纽规划中最重要的课题之一。第3章空铁一体化相关章节提到了航空与铁路之间交通融合换乘的规划要点及发展路径，本章在此基础上进行扩展讨论。

融合了航空、铁路、城市轨道交通与城市道路交通等多种功能的交通一体化是目前综合交通枢纽的发展趋势。在此背景下，为满足各种交通客流与航空客流之间的便捷换乘，打造航空主导型的综合交通中心是一种必然的选择。综合交通中心为枢纽发展及区域发展注入了新的动力，其完善了航空服务功能、扩大了航空服务范围。

GTC一般配套在吞吐量较大或近期新建的航空枢纽中，对于早期既有枢纽或小型机场，受制于早期地铁、铁路等规划的缺失，GTC主要服务于车行交通，以长途汽车、公共汽车、机场巴士、出租车、社会车辆等为主。因此，根据航空枢纽的吞吐量大小、发展历程及空铁换乘模式，不同航空枢纽对应的GTC布局、规模及功能均有较大差别。

5.2 GTC总体布局形式

GTC作为各种交通转换的中心，其布局模式对各种交通的换乘效率、航站楼的服务能力均有较大影响，GTC的规划布局形式根据不同指标有不同划分，其中两个主要划分指标为：与航站楼的对应关系、轨道接入枢纽的模式。本节通过总结目前民航枢纽规划设计及研究中GTC的几种布局形式，简要介绍GTC的布局及主要模式。

5.2.1 根据GTC与航站楼的对应关系划分

GTC主要是为航站楼出发、到达人群服务的，通过GTC与航站楼关系区分不同的布局形式是目前机场总体规划中比较通用的规划手法。根据GTC与航站楼的对应关系进行布局模式划分比较容易理解，本节依据该划分指标简要介绍主流的几种GTC布局模式（图5-1）。

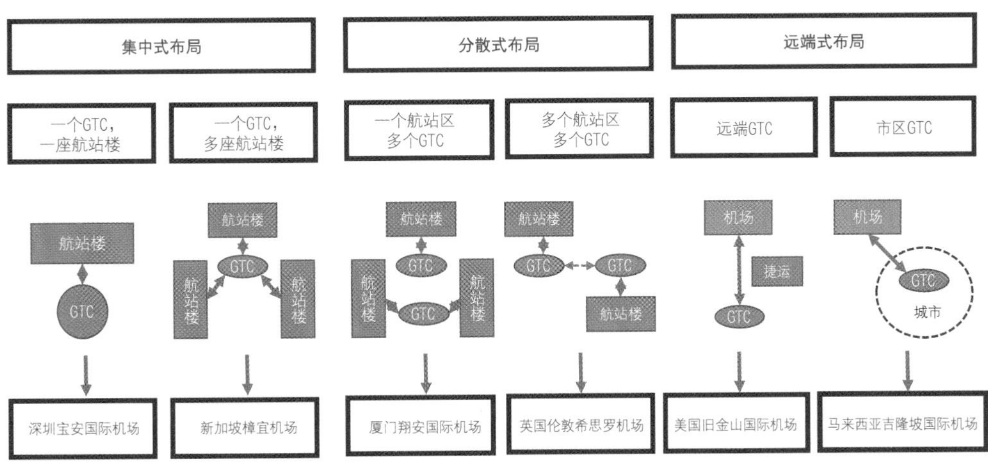

图5-1 与航站楼对应关系的GTC总体布局典型模式

1. 集中式布局

集中式布局形式一般指该机场只有一个GTC，GTC采用集中式布局，集中式GTC服务于该机场单一航站楼或多座航站楼，机场主要换乘功能均在该GTC解决。该种GTC布局形式在国内主要机场枢纽中普遍采用，一般用于近期新规划的大型机场枢纽或早期成型较早的机场，如上海浦东国际机场T1、T2航站楼前的GTC、深圳宝安国际机场T3航站楼前的GTC。

在集中式布局模式下，GTC一般位于航站楼前或多座航站楼中间位置，可以便利地与航站楼相衔接。该种模式对于多航站楼导向性较强，能够满足出发、到达旅客的快速集散要求。同时也要认识到，集中式布局带来GTC与多航站楼之间距离较长、GTC规模过大、不利于分期建设等问题，需要在规划建设及运营阶段予以重点关注。

2．分散式布局

分散式布局形式一般指机场有多个GTC，GTC采用分散式布局，分别服务于机场的多座航站楼（航站区），各航站楼相关的换乘功能在各自对应的GTC完成。该种布局模式在国内机场中也比较常见，常用于逐步扩建的机场枢纽中，如上海虹桥国际机场T1/T2航站楼前GTC、北京首都国际机场T2/T3航站楼前GTC、广州白云国际机场T1/T2航站楼前GTC、英国伦敦希思罗机场等。

在分散式布局模式下，各GTC与航站楼形成对应关系，对各GTC的复合换乘功能要求较高。如果各GTC均用于不同交通种类的复合换乘功能，则单一航站楼旅客在相应GTC能够完成全部的换乘需求；如果不同GTC之间交通换乘功能不同，则需要换乘旅客在具有相应交通功能的GTC开展换乘，会极大地影响旅客的换乘效率和时间，在前期旅客换乘规划与设计中需要重点关注。

3．远端式布局

远端式布局是指GTC远离机场主要航站区（航站楼）布置，GTC与航站楼之间采用便捷快速的陆侧转运系统来完成旅客换乘。该种布局模式不是一种常见的布局形式，具体采用该种布局模式的原因也不尽相同。一种说法是在美国航空枢纽发展过程中，由于美国出行较多地依赖私人交通，早期枢纽站前配套以社会停车设施为主，基本不考虑公共交通换乘需求，随着后期地铁等公共交通配套的发展，只能在远离航站区的位置设置GTC。例如，美国旧金山国际机场、亚特兰大国际机场等均采用远端式GTC布局，通过陆侧捷运或轻轨对GTC人员快速与机场旅客进行交通接驳。

远端式布局模式对早期已经发展比较成熟、陆侧无改造或新建空间的机场枢纽比较适用，但是同时也带来旅客换乘时间长、陆侧转运系统投资高、与地方政府协调难度大等问题，在规划阶段应综合考虑、谨慎使用。

远端式布局另外一种延伸模式为市区GTC模式，旅客通过市区航站楼值机，并通过转运后抵达航站楼，满足相关旅客出发需求。该种模式在国内很多城市的规划中采用，有一定适用性，但是需要综合考虑转运时间对旅客出行的影响，计算综合时间成本。

5.2.2　根据轨道交通接入机场枢纽的方式进行划分

GTC虽然是多种交通的换乘中心，但是普遍意义上来说，在轨道交通接入机场枢纽后，形成的以轨道交通换乘为核心的GTC具备现代枢纽机场综合交通中心的完整意义，轨道接入后对机场及GTC的发展均有了质的提升。

轨道交通（铁路）作为GTC最重要的换乘客流来源，直接影响GTC布局形式。本节以轨道接入机场枢纽方式的不同对GTC的布局进行划分，在此标准下，GTC有四种基本布局模式，分别为一体式布局、前列式布局、共享式布局及邻近式布局。

1．一体式布局

一体式布局下的GTC作为一个模板设置在航站楼内部（图5-2），相应的轨道交通线路需穿越航站楼，旅客所有的中转换乘均在航站楼内部完成。该种模式的优缺点比较明显，优点为该模式下轨道交通服务航站楼是最直接的，轨道交通旅客与航站楼到发旅客不出楼即可完成换乘，轨道交通与航站楼之间以最短距离满足到发旅客的出行需求；缺点为该模式下对航站楼与GTC的共建要求非常高，GTC的建设需要统筹考虑对航站楼的影响，不利于分期建设，同时GTC换乘人流与航站楼到发人流可能存在较大的对冲干扰影响，组织管理难度较大。目前采用该种模式GTC的枢纽机场较少，其中广州白云国际机场T1航站楼在主楼下设置了轨道交通车站。

2．前列式布局

前列式布局（图5-3）是单航站楼情形下最常见的GTC布局模式，GTC独立建设于航站楼前，周边布置停车设施，相应的轨道交通线路仅需穿越GTC。航站楼内的换乘旅客需步行出楼至GTC内进行中转，该种模式是目前国内大型机场枢纽采用最多的一种模

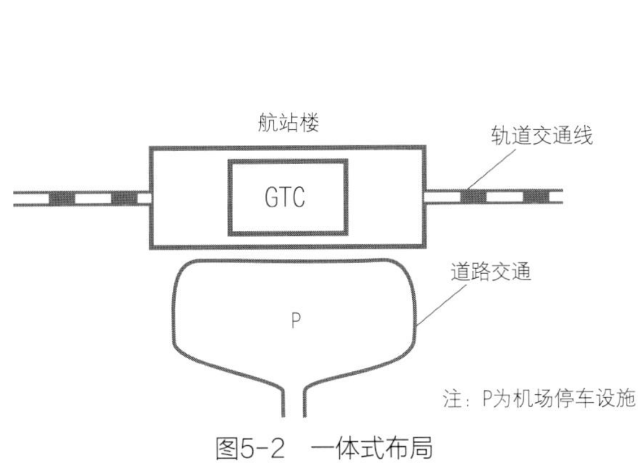

图5-2　一体式布局

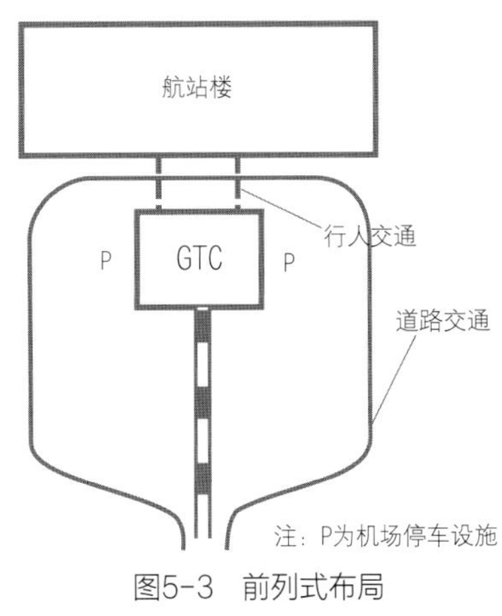

图5-3　前列式布局

式。在该种模式下，航站楼与GTC功能划分非常明确，有利于到发旅客进出航站楼及GTC的管理，通过优化航站楼与GTC进出换乘通道的错层布置或同层错位布置，可以解决人流对冲问题，对于旅客进出航站楼的指示非常明晰；同时，可满足车库与GTC联动融合设计，是一种非常常用、实用的规划模式。

3. 共享式布局

共享式布局主要应用于多航站楼情形，即GTC服务多座航站楼的旅客。共享式布局可根据GTC与航站楼的具体位置关系进一步细分为四种类型，即水平相邻式、平行嵌套式、三面围合式及四面围合式（图5-4～图5-7），具体结合航站区和轨道交通总体布局进行选用。

共享式布局同样也是国内目前枢纽机场中比较常用的布局形式，其中其包含的四种类型的布局形式在国内枢纽机场中均有实际案例，如银川河东国际机场采用的是水平相邻式布局，上海浦东国际机场采用的是平行嵌套式布局，广州白云国际机场采用的是四面围合式布局，厦门翔安国际机场采用的是三面围合式布局。

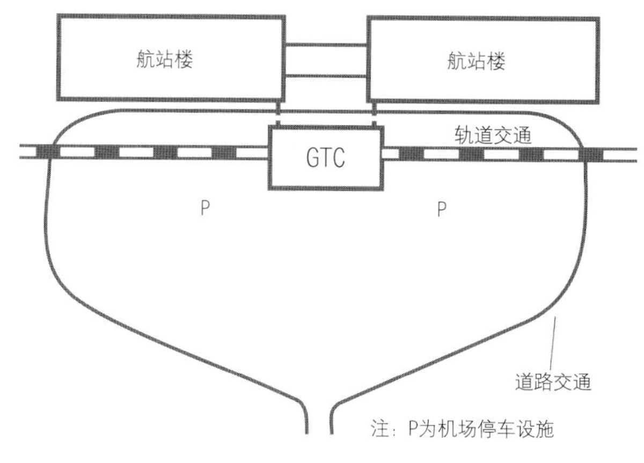

图5-4 水平相邻式布局

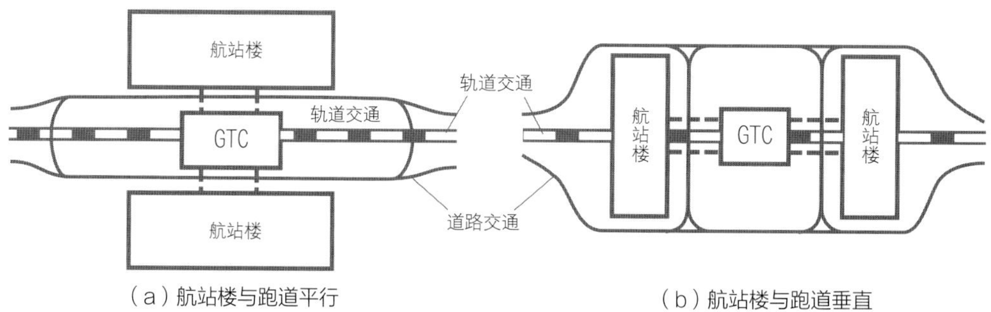

（a）航站楼与跑道平行　　（b）航站楼与跑道垂直

图5-5 平行嵌套式布局

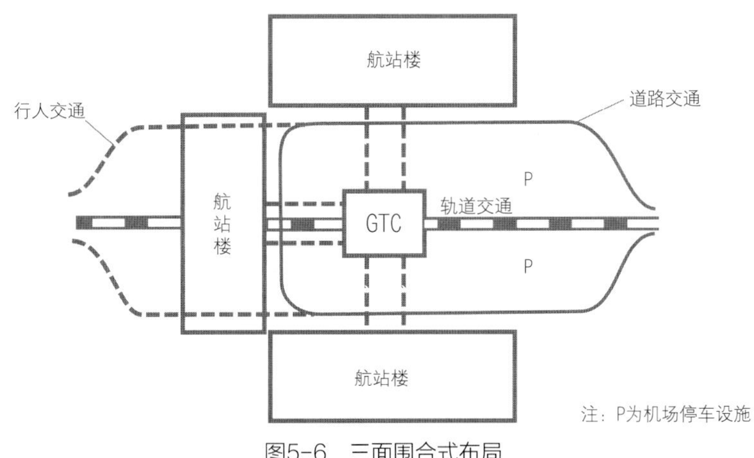

图5-6 三面围合式布局

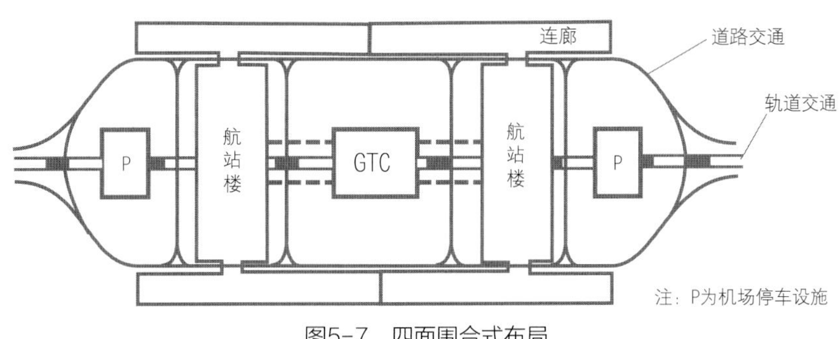

图5-7 四面围合式布局

共享式布局是前列式布局的一种扩展模式，前列式布局所具有的功能界限明确、人流对冲较小、便于运营管理等优点也是共享式布局所具有的，共享式布局中GTC要服务多座航站楼，不可避免地存在步行距离较长、指引复杂等问题，在实际规划设计中应重点考虑予以优化。

4. 邻近式布局

邻近式布局（图5-8）下的GTC与各航站楼有一定距离，GTC与各航站楼通过陆侧交通系统进行连接，轨道交通线路不进入航站区，仅在GTC处设站。该布局模式适用于多航站楼围合设置且航站区内停车需求较大的情形，实际案例可参考美国旧金山国际机场。该种模式与远端式布局为同一种模式，相关的优缺点及适用形式与远端式布局一致，在此不再赘述。

以上介绍了两种主要的GTC布局模式的划分情况，基本将国内外枢纽机场主要的GTC布局情况囊括在内；GTC的布局模式还有其他分类形式，在此不再细分。在此对以上两种主要GTC布局模式进行归纳总结，如表5-1所示。

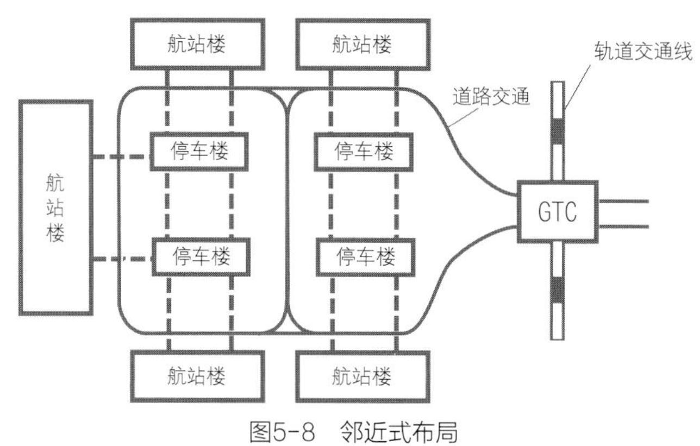

图5-8　邻近式布局

GTC总体布局典型模式特点分析　　表5-1

分类要素	与航站楼对应关系			轨道接入方式			
布局形式	集中式布局	分散式布局	远端式布局	一体式布局	前列式布局	共享式布局	邻近式布局
优点	指引明晰、交通设施融合简单	便于分期建设及人流疏解、换乘距离短	适用于停车需求较高的机场、扩建阶段改造少	换乘距离短、换乘效率高、节约投资、占地少	功能界限明确、人流对冲小、指引明晰	功能界限明确、人流对冲小、用地节约	适用于停车需求较高的机场、扩建阶段改造少
缺点	换乘距离较长、GTC规模较大、不利于分期建设	指引复杂、交通设施融合难度大	旅客换乘时间长、陆侧转运系统投资大、与地方政府协调难度大	人流对冲大、功能界限不明确、无法分期建设	换乘距离较长、投资稍大、占地较多	换乘距离较长、指引较复杂	旅客换乘时间长、陆侧转运系统投资大、与地方政府协调难度大
案例	深圳宝安国际机场	上海虹桥国际机场T1/T2航站楼前GTC	美国亚特兰大国际机场	广州白云国际机场T1航站楼	厦门翔安国际机场	上海浦东国际机场	旧金山国际机场

通过前面的介绍可知，不同布局模式下GTC内部各种交通的换乘效率及GTC与航站楼之间的换乘效率均有一定区别，在实际项目设计中可根据主要需求开展研究决策。需要认识到，GTC的布局形式是作为枢纽机场总体规划布局的重要部分，不是独立存在的，必须结合不同机场的发展水平、规划定位、轨道接入、航站楼构型等多因素统筹进行考虑。

5.3 GTC内部功能布局规划

在上面对GTC总体布局形式介绍的基础上，本节对GTC内部布局规划及功能作简要介绍。首先选取部分枢纽机场的实际案例，对其GTC内部功能布局作介绍，同时梳理国内外枢纽机场GTC的主要相关设计要点，在此基础上，对GTC功能布局进行归纳总结，使读者对GTC内部的布局规划及功能有直观认识。

5.3.1 机场GTC案例介绍

1. 厦门翔安国际机场GTC

厦门翔安国际机场位于福建省厦门市翔安区大嶝岛，本期年吞吐量为4500万人次（T1航站楼），终端年吞吐量为8500万人次（T1、T2、T3航站楼）。在本期T1航站楼西侧（即楼前），建设GTC及停车楼，实现不同交通方式的“便捷换乘”，实现陆侧各种交通与航站楼“无缝衔接”。

（1）建设规模

GTC及停车楼是航站楼前重要的综合体，南北方向长约380m，东西方向长约187m（不包括人行天桥及GTC至航站楼的连桥），GTC地下1层、地上3层，停车楼地下1层、地上3层（图5-9）。

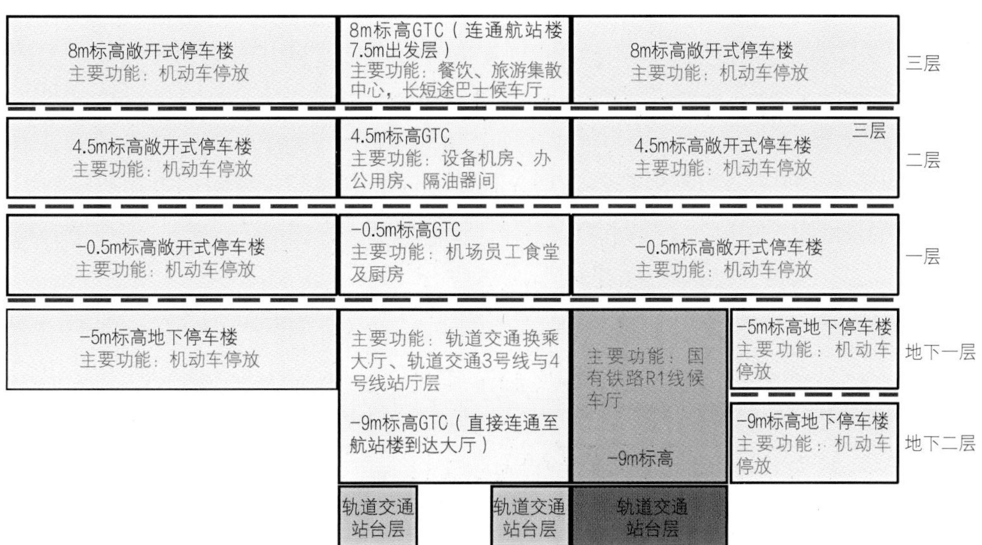

图5-9 厦门翔安国际机场GTC功能分层示意图

（2）GTC主要功能设施

GTC主要功能设施包括轨道交通站厅、国有铁路站厅、衔接换乘通道、长短途巴士站厅、旅游集散中心、旅客过夜用房等。

轨道交通规模：厦门翔安国际机场GTC规划设计地铁3、4号线，并设置了国有铁路R1线，其中国有铁路R1线在GTC中设置候车厅。

各类线路公交车：考虑公交专线蓄车泊位24～28个，其中常规公交2或3条，蓄车泊位10～14个；专线公交车5～7条，蓄车泊位10～14个。公交车采取到发分离、站场分离式，蓄车泊位设在GTC外侧，靠近航站楼设置上客点。各层面的平面布置示意图如图5-10～图5-13所示。

（3）GTC换乘设计

GTC是连接T1航站楼、停车楼、轨道交通车站、公交车等多种交通设施的中转枢纽。GTC旅客流程及换乘设计遵循以人为本、步行距离最短、人车分离的原则进行设计。

本期建设的GTC与停车楼衔接，地下为各轨道交通车站的站台和站厅。在GTC正前方的轴线上通过连廊与T1航站楼连接，有上、下两层联系通道，其中8m标高层的地上连桥连接航站楼二层，地下换乘通道穿越车道边后通过扶梯换层与航站楼一层衔接。在其靠近车道边的界面上还设置了旅游巴士站和长短途巴士站，分别位于轴线的北

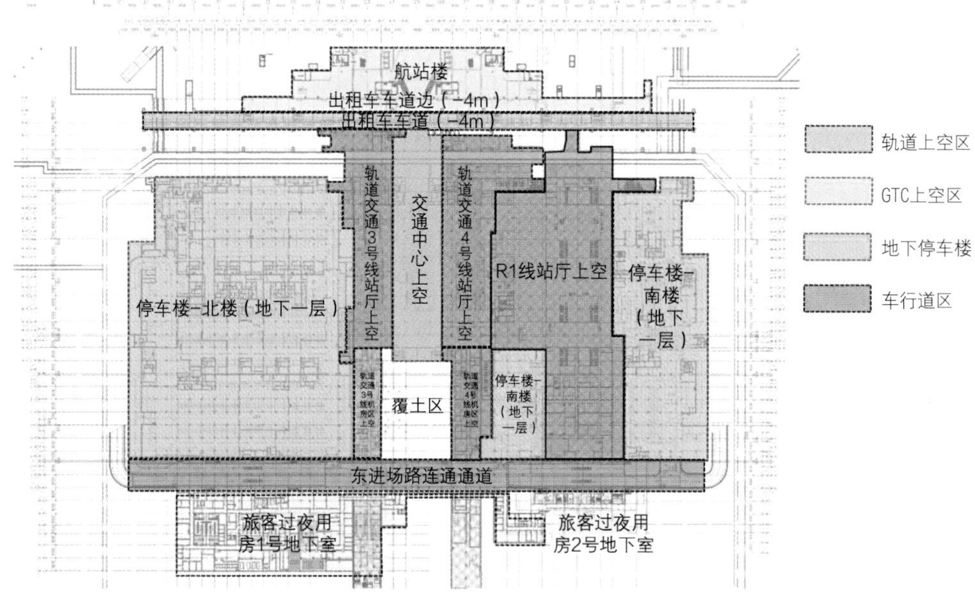

图5-10　厦门翔安国际机场GTC、停车楼-5m标高平面图

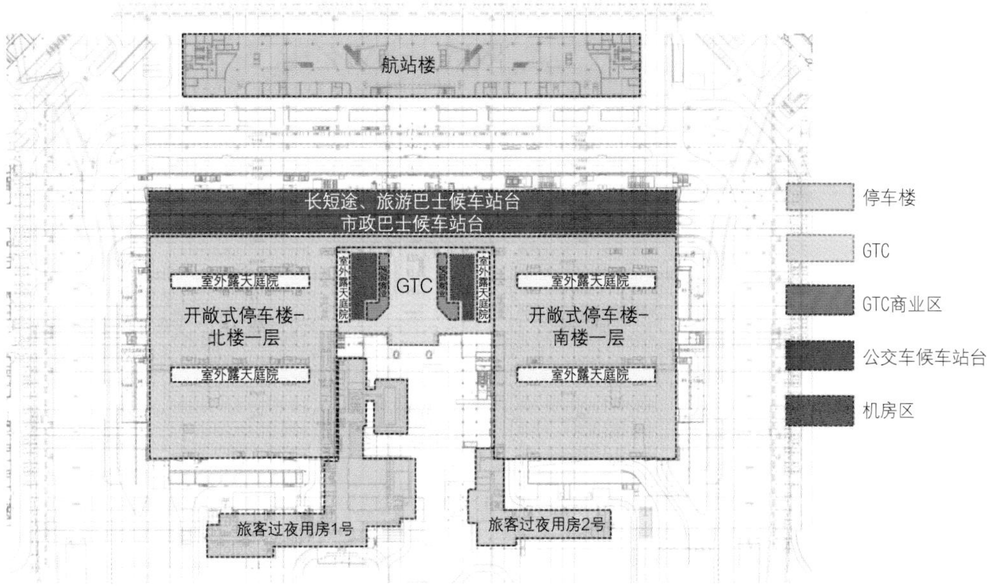

图5-11　厦门翔安国际机场GTC、停车楼-0.5m标高平面图

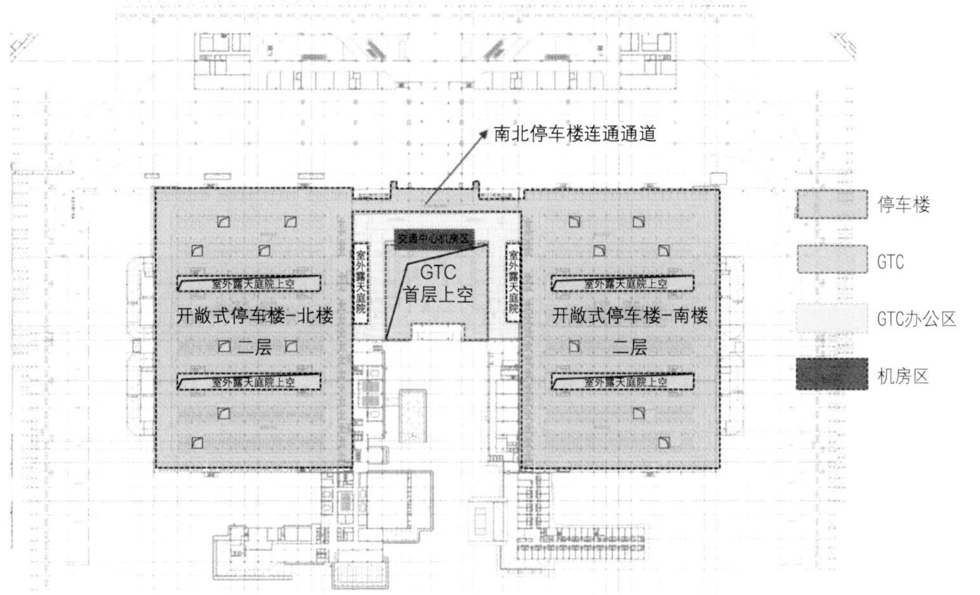

图5-12　厦门翔安国际机场GTC、停车楼4.5m标高平面图

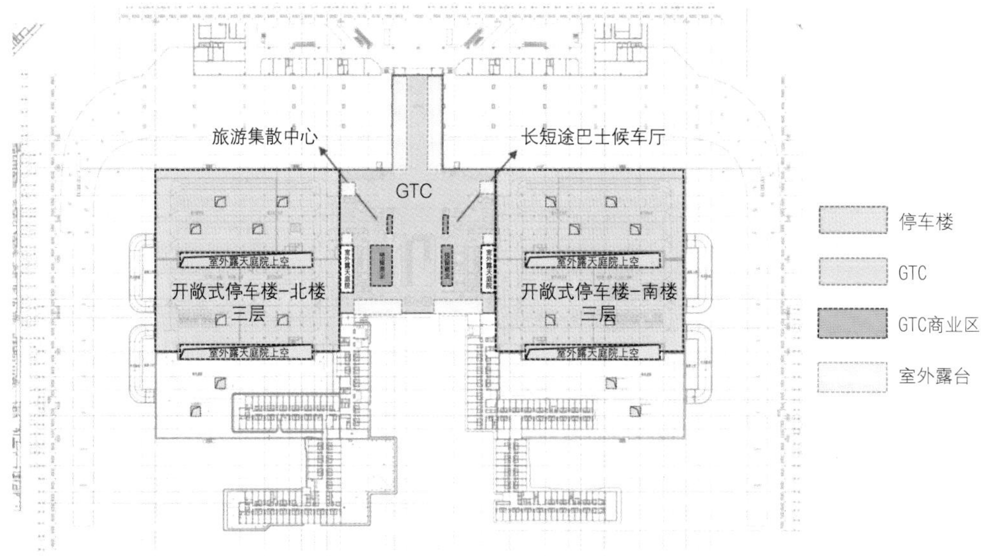

图5-13　厦门翔安国际机场GTC、停车楼8m标高平面图

侧和南侧。通过连廊和GTC，乘客可以方便、安全地在航站楼与多种交通设施间进行转换。

2. 上海虹桥枢纽GTC

上海虹桥枢纽由虹桥高铁车站、虹桥国际机场T2航站楼及磁悬浮车站组成，设置东、西两处GTC，其中东GTC以T2航站楼及磁悬浮车站服务为主，西GTC以高铁车站服务为主；虹桥国际机场T1航站楼另设置对应的GTC。

（1）主要设施

地铁规划：上海虹桥枢纽目前接入轨道交通共3线2站，包括轨道交通2号线、10号线、17号线共3条线路进入枢纽，在枢纽内设置2个地铁换乘站，分别设置于东、西GTC（图5-14），命名为虹桥火车站（地铁西站）及虹桥2号航站楼（地铁东站）。

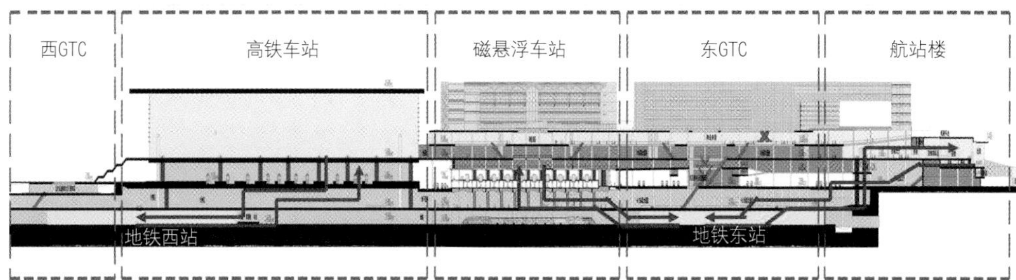

图5-14　上海虹桥枢纽典型剖面示意图

磁悬浮线规划：由于磁悬浮列车的模式在国内没有真正意义上推广，磁悬浮线的规划基本处于停滞状态，致使虹桥枢纽磁悬浮场站长期处于空置状态。随着近10年的运营及部分边界条件的变化，为了能够盘活空置的磁悬浮场站，目前上海已经将磁悬浮场站相关功能及部分线路空间调整给市域城际线使用，已经规划在建的有两场快线（虹桥枢纽—浦东机场）、嘉闵城际线及示范区线共三条市域铁路线，后续可能还有其他城际线接入上海虹桥枢纽。

各类线路公交车：目前上海虹桥枢纽有各类公交线路40～60条，包括常规公交、公交快线、机场大巴、长途大巴等。

（2）换乘设计

12m标高层为高架道路出发层（图5-15）；同时，该层也是重要的换乘层，南、北两条换乘大通道东起航站楼办票大厅，西至高铁车站候车大厅，中间串起东GTC、磁悬浮车站。通道外侧是二者的值机区域和候车厅，内侧是带状商业街区。

6m标高层为到达换乘廊道层；机场和磁悬浮列车的到达层面（机场的到达层在4.2m标高）均与东GTC的6m标高层换乘中心由坡道和廊桥连接，到达旅客可由此换乘公交车与社会车辆。

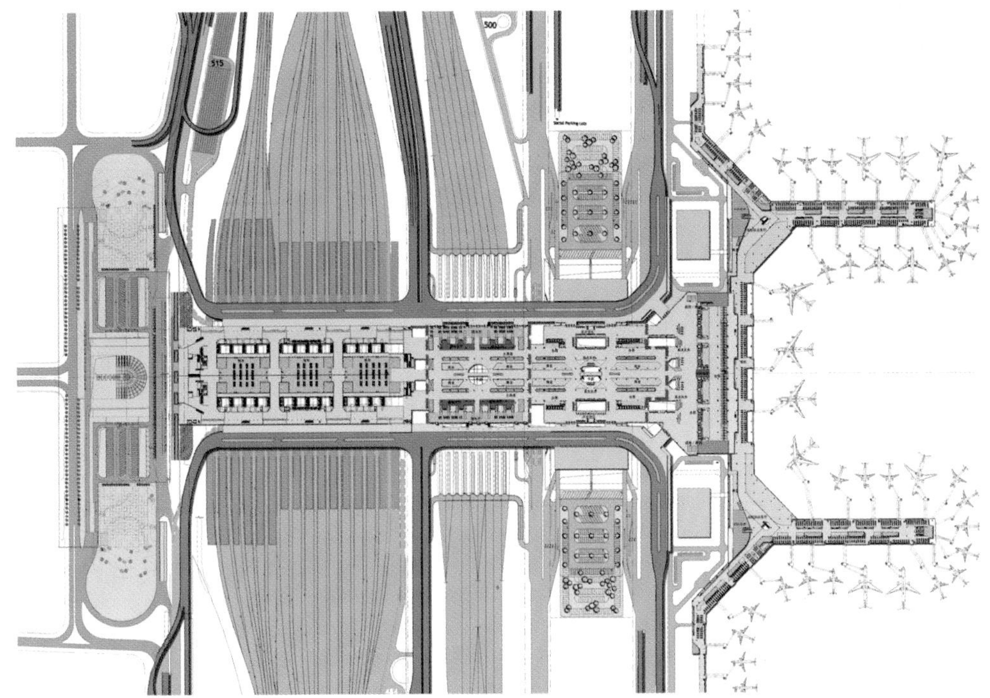

图5-15 上海虹桥枢纽12m/8.55m标高层平面示意图

0m标高层为地面层（图5-16），在东GTC集中设置公交车东站及候车大厅，包括长途巴士和线路巴士，服务机场与磁悬浮列车到达接客。在公交车站南、北两侧分设单元式社会停车库，也服务机场与磁悬浮列车到达接客。在高铁车站西广场组织公交车西站，并设置大型地下停车库。此外，机场的行李厅和迎客厅，以及高速铁路、磁悬浮的轨道及站台均在该层。

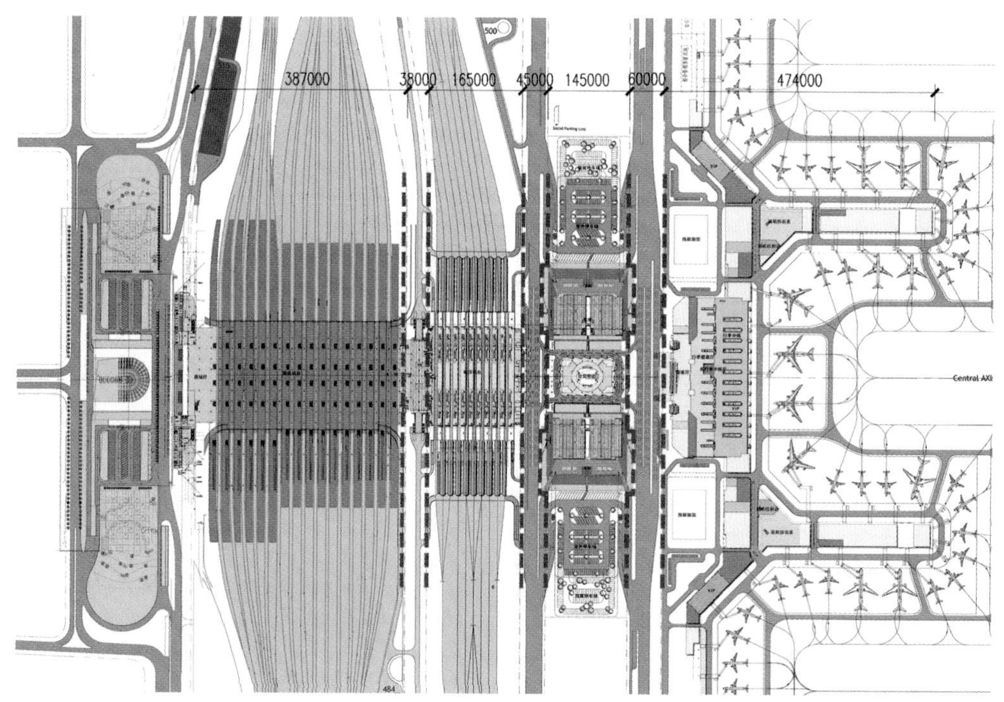

图5-16　上海虹桥枢纽0m标高层平面示意图

-8.95m标高层（图5-17）为另一重要的换乘层面，两条换乘大通道东起航站楼地下交通厅，经东GTC的南北地下车库、地铁东站站厅，以及磁悬浮地下进站厅和出站通道，再串起高速铁路、城际铁路的进站厅和出站通道及地铁西站站厅，之后合二为一，继续向西，由西GTC的南北地下车库和巴士西站直指枢纽西部开发区的地下商业街。

-16m标高层为地铁轨道及站台层。

3．国内外部分机场GTC案例

本节梳理了国内部分枢纽机场的GTC规划设计相关案例，从GTC与航站楼平面布局、接入的交通方式、轨道交通接入方向、布局特点、与航站楼衔接方式、换乘交通组

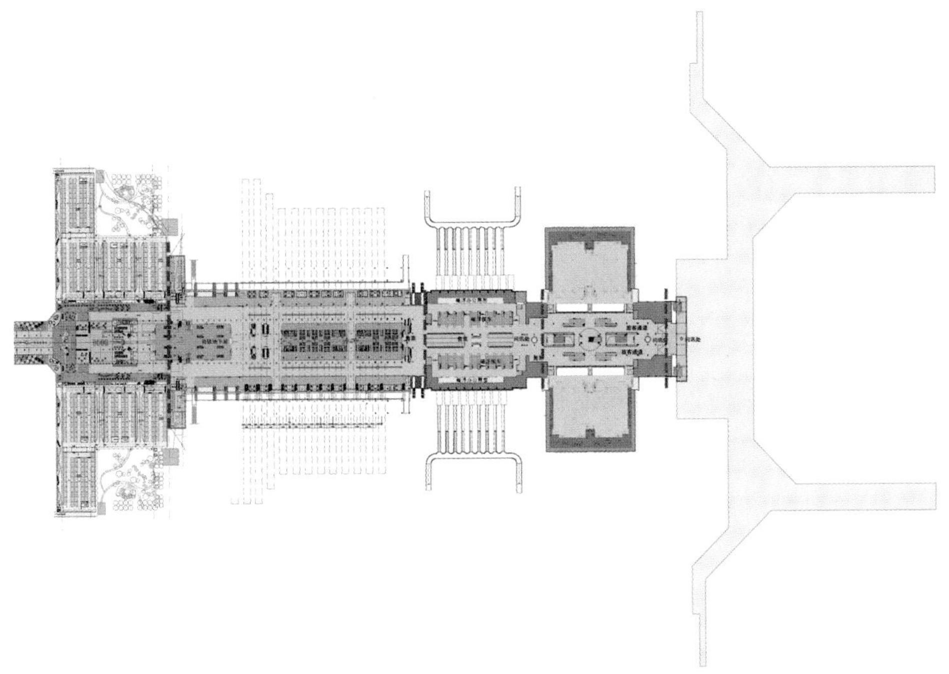

图5-17 虹桥枢纽-8.95m标高层平面示意图

织相关方面归纳设计要点，从表5-2中梳理的内容归纳如下。

（1）枢纽机场GTC与航站楼平面布局多种多样，近期新建枢纽机场以集中式布局、共享式布局为主。

（2）枢纽机场GTC基本均采用紧邻航站楼，在交通换乘上采用以轨道交通为核心、公交优先的换乘模式，尽量减少旅客换乘时间及换乘距离。

（3）GTC建筑采用集约化、立体化、一体化设计，通过地下通道、空中连廊等多种形式与航站楼连接，与航站楼前车行交通实现立体分离。

5.3.2 GTC规划要点梳理

从上述案例中可知,GTC规划设计中最重要的两点分别是设施布局设计和换乘设计，下面针对这两点开展简要论述。

1. 设施布局设计

根据GTC接入的交通种类，一般GTC内部设施主要包括轨道交通站厅（站台）、铁路站厅（站台）、各类公交站厅、游客集散中心、换乘通道等，部分GTC中布置出租车、网约车接客车道边，部分机场GTC与旅客过夜用房及停车楼融合布置，相应的设施也应

国内外部分枢纽机场GTC布局及特点 表5-2

名称	GTC与航站楼平面布局	接入的交通方式	轨道交通接入方向	布局特点	与航站楼衔接方式	换乘交通组织
北京首都国际机场T3航站楼		城市轻轨、机场巴士、出租车、私家车	垂直于航站楼，尽端停靠	紧邻航站楼，以轻轨为核心，公交优先，集约化、立体化	轨道交通站台通过一组剪刀坡道与航站楼出发、到达层直接相连	人车分离、功能多样化（商业、办公）
上海浦东国际机场T1、T2航站楼		磁悬浮、地铁、机场巴士、城市公交、长途巴士、出租车、私家车	平行于航站楼	位于T1、T2航站楼居中位置，以轻轨为核心，公交优先，集约化、立体化	轨道交通站厅通过高架廊桥与航站楼到达层平层连接	人车分离、功能多样化（商业、无行李值机）
上海虹桥国际机场T2航站楼		高速铁路、磁悬浮（预留）、地铁、机场巴士、城市公交、长途巴士、出租车、私家车	平行、垂直于航站楼	紧邻航站楼，以轨道交通为核心，公交优先，集约化、立体化	通过高架廊道（表现为建筑实体）、地下平层与航站楼连接	人车分离、功能多样化（商业、办公、辅助值机）
青岛胶东国际机场		轻轨、地铁、机场巴士、城市公交、出租车、私家车	轻轨平行、地铁垂直于航站楼	紧邻航站楼，以轨道交通为核心，公交优先，集约化、立体化	通过高架廊桥及地下步行通道平层与航站楼相连	人车分离、功能多样化（商业、酒店、办公、餐饮）
深圳宝安国际机场		地铁、机场巴士、城市公交、出租车、私家车	地铁垂直于航站楼	紧邻航站楼，以轨道交通为核心，公交优先，集约化、立体化	通过高架廊桥平层与航站楼相连	人车分离、功能多样化（商业）

续表

名称	GTC与航站楼平面布局	接入的交通方式	轨道交通接入方向	布局特点	与航站楼衔接方式	换乘交通组织
昆明长水国际机场T2航站楼	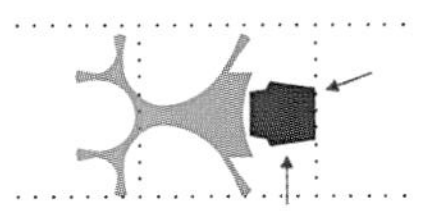	地铁、城际铁路、机场巴士、出租车、私家车	地铁/快线/城际铁路平行，高速铁路斜穿越航站楼	紧邻航站楼，以轨道交通为核心，公交优先，集约化、立体化	两层步行通道（地下一层和地下二层），人车分流	人车分离、功能多样化（商业、办公）
北京大兴国际机场	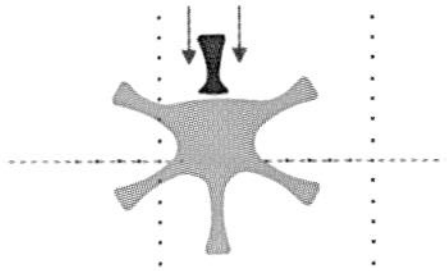	地铁、机场快线城际铁路、机场巴士、出租车、私家车	垂直穿越航站楼	紧邻航站楼，以轨道交通为核心，公交优先，集约化、立体化	两层步行通道（二层和地下一层），人车分流	人车分离、功能多样化（商业、无行李值机）
广州白云国际机场T2航站楼	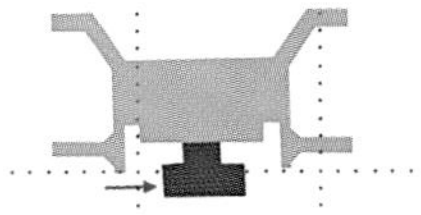	地铁、城际铁路、机场巴士、长途巴士、出租车、私家车	垂直穿越航站楼	紧邻航站楼，以轨道交通为核心	航站楼前面没有地面车道边，旅客不必穿道路进入GTC	人车分离、功能多样化（商业、办公、辅助值机）
中国香港国际机场	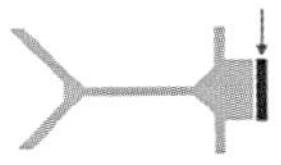	城市轻轨、机场巴士、城市公交、长途巴士、出租车、私家车	平行于航站楼	紧邻航站楼，以轻轨为核心，公交优先，集约化、立体化	通过坡道分别与航站楼的出发、到达层直接相连	人车分离、到发分离、功能多样化（商业、值机）
韩国仁川国际机场T2航站楼	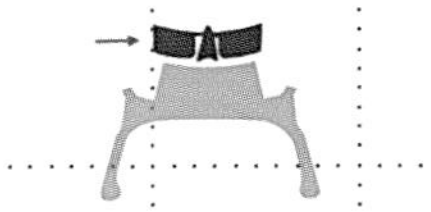	机场快线、机场巴士、城市公交、出租车、私家车	平行于航站楼	紧邻航站楼，以轻轨为核心，公交优先，集约化、立体化，两栋办公楼靠近GTC	两层步行通道（夹层和地下一层），人车分流	人车分离、到发分离、功能多样化（商业、值机）

进行统筹考虑。

各类设施在GTC内部合理布局是GTC设计成功的基础，由于不同机场接入交通设施有较大差异，GTC的总体布局也存在较大差异，在此给出一些基本的设计要点供读者参考。

（1）公共交通设施优先

在GTC内部各功能设施布局中需要遵照公交优先的原则，各类设施在排布的过程中，常规公交及轨道交通应尽可能贴近航站楼布置，尽量缩短公交、轨道交通与航站楼之间换乘距离，减少换乘时间，以满足公交及轨道交通的大量旅客就近前往航站楼，完成出发、到达行程。

（2）立体化、集约化

枢纽机场核心区用地一般均较为紧张，GTC的设计应尽量立体化、集约化，公共交通场站应进行分离，GTC内部一般只设置接客区的站点，蓄车区设置于核心区外围。各类交通设施立体化布置相对于平面上平铺布置可以极大地节省用地，同时各交通设施通过立体化垂直换乘，可以提高换乘识别度、缩短换乘距离、提高换乘效率，通过分层分流也可以减少各种交通换乘人流的对冲。

（3）空间可转换

GTC内部交通设施较多，考虑用地及造价影响，在有限的空间范围内不同交通设施应做到功能可转换、空间可转换，在空间设计上尽量多设置一定的共享空间及转换空间以满足不同交通设施的空间转换，以适应不同交通设施近远期出行比例的动态调整，提高GTC内部整体空间利用率。同时，在GTC建筑有限的空间范围内，除了满足功能设施布置要求，还要考虑设置一定的商业空间、人文空间，以满足GTC内候车旅客及换乘旅客服务要求。

2. 换乘设计

机场GTC换乘设计包括两大类，即机场到发旅客与各类交通旅客之间的换乘、各类交通旅客之间的相互换乘。以航空业务量为主的枢纽机场，最主要的换乘设计还是机场到发旅客与各类交通旅客之间的换乘。在GTC换乘设计中需着重考虑换乘动线设计及换乘通道设计。

（1）换乘动线设计

换乘动线设计以简洁、高效为原则，减少单一动线转换次数，减少多条动线之间的相互冲突。动线设计优先考虑机场到发旅客与各类交通旅客之间的换乘，在航站楼与

GTC之间的主动线设计时，出发流线及到达流线应在平面或立体上进行适当分离，以减少进出主动线之间人流对冲，提高主动线路径的识别度。

其他交通设施之间的换乘动线设计以提高识别度为第一要务，在条件受限的情况下，部分换乘动线可以通过部分绕行、路径转换等方式解决。

（2）换乘通道设计

换乘通道设计是在满足各类设施合理布局的基础上，依据换乘动线路径形成的步行空间。换乘通道是换乘动线的载体，是各类交通设施布局之间的粘合剂。

换乘通道设计的重点是依据换乘动线及设施布局形成换乘主通道及换乘转换核，通过换乘主通道及换乘转换核汇聚换乘人流，提高换乘路径的识别度，以满足换乘人流尽快疏解及前往对应目的地的要求。

5.4 本章小结

本章在对综合交通中心（GTC）基本概念介绍的基础上，从GTC总体布局出发，结合国内外相关枢纽机场GTC案例，对GTC总体布局、内部功能布局、规划设计要点进行分析论述，形成如下结论。

1．GTC总体布局

以“与航站楼对应关系”及“轨道接入方式”作为两个分类因素对GTC总体布局进行分类，其中以“与航站楼对应关系”分类可划分为集中式布局、分散式布局及远端式布局，以“轨道接入方式”分类可划分为一体式布局、前列式布局、共享式布局及邻近式布局，并从换乘距离长短、人流疏散难易、指引是否明晰、分期建设难易、功能划分等方面对不同总体布局进行分析，给出各布局方式的特点。

2．GTC内部功能布局

以上海虹桥枢纽及厦门翔安国际机场为例详细介绍了GTC内部的功能布局，结合国内外部分枢纽机场GTC布局案例，总结GTC内部功能布局规划设计中最重要的两点分别是设施布局设计及换乘设计，其中设施布局设计中需着重考虑公共交通设施优先、立体化、集约化、空间可转换等要求，换乘设计中需着重考虑换乘动线设计及换乘通道设计。

通过以上分析可归纳如下：GTC是衔接多种交通方式的中心，包括铁路、城际铁路、轨道交通、长短途巴士、旅游巴士、市政公交、出租车、网约车、社会车辆等多种交通方式的集散，也是衔接机场外部交通、机场内部交通、停车库和航站楼的立体枢纽。GTC应按照多元化、立体化、一体化的要求进行设计，需要衔接各方向各种类型的交通工具及交通服务设施，结合与航站楼、停车楼的布局关系，辅以直观、简洁的内外部人行、车行动线路径，保证旅客及工作人员的最佳换乘路径及最短步行距离。

6

场内交通规划

场内交通规划一般指机场核心区范围内，由机场主导开展并主要服务于机场相关设施的综合交通规划。场内交通规划作为枢纽机场综合交通规划中关注度最高、复杂度最大的一个系统，是枢纽机场综合交通规划中关键的一环。

6.1 场内交通规划的研究范围及内容

6.1.1 场内交通规划研究范围及特点

场内交通规划研究范围主要为航站楼前的核心区域。机场是巨量车流、人流的吸发点，众多交通流线在航站楼前区域汇集，楼前陆侧交通组织因此成为极具挑战性的命题。楼前区域的交通设施用地往往较为局促，这进一步加大了楼前陆侧交通组织的难度。

6.1.2 场内交通规划主要研究内容

场内交通涵盖了轨道交通、机动车交通、非机动车交通与人行交通四大类，由于轨道交通、非机动车交通与人行交通往往是在建筑室内空间或者机场非敏感区域解决，而机动车交通需要统筹考虑流线组织、建筑衔接、用地条件、景观协调等多方面因素，是最重要的一类交通，在此主要针对机场陆侧机动车交通进行研究。

机场陆侧机动车交通规划是一项系统性工程，其目标是制订一个高效集散的总体交通方案，包含了交通需求预测、交通设施规模与布局、流线组织等内容。同时，交通规划工作需要与航站区建筑、景观、市政管网等要素协调衔接，也需要紧密结合机场后期运营管理的环节。

6.2 交通需求预测

6.2.1 交通需求预测的意义

机场陆侧交通需求预测包含客流量预测、交通方式预测、交通量预测等内容，是机场陆侧交通规划与设计最核心的技术环节。交通需求预测为交通设施规模配置提供了直接的数据依据，若预测值较实际需求偏低，会造成设计的交通设施规模偏小，无法满足机场正常运行需要；若预测值较实际需求偏高，会造成设计的交通设施规模偏大，带来资源及投资浪费；同时，交通需求预测也为交通流线组织提供了量化的支撑，通常情况下，交通量大的流线需要提供不受干扰的专用通道，反之交通量小的流线可以与其他流线共用通道。

6.2.2 机场陆侧交通需求预测方法

机场陆侧交通需求预测的首要任务是预测航站楼前配套交通设施的规模，交通设施规模也是根据该交通设施所承担的交通量计算得到，因此预测交通设施承担的交通量成为规模预测的关键。传统交通需求预测采用“四阶段”法来测算交通量，其中交通分配环节遵循最短路径或者最省时间的逻辑将交通量在路网上进行分配，得到每条通道的交通量，继而计算每条通道的规模。但是，机场陆侧车流运行往往并非遵循“最短路、最省时”原则，因机场进场、离场车流往往会有明确的行驶路径，不需要或者不允许对楼前区域的路网进行自由选择，以此来保障楼前复杂交通的运行秩序。因此，机场交通需求预测的方法是分析机场旅客进场送客、接客离场的详细流程，并计算每个流程的交通量，进而得到不同交通设施承担的交通量。

本书结合规划设计的工程实践提出一种基于机场旅客接、送客流程的交通需求预测方法（图6-1）。

总体思路为先通过航空业务量得到陆侧客流量，再由交通方式预测机动化交通量，最后根据进场送客、送客后离场、接客前进场、接客离场四个流程计算进离场交通量，并计算不同类型交通设施交通量。

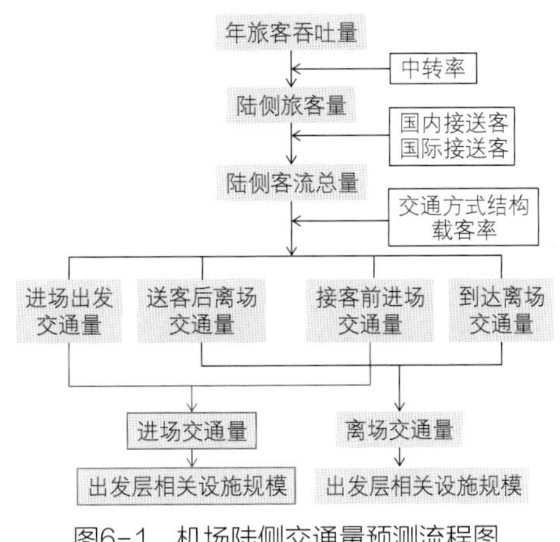

图6-1 机场陆侧交通量预测流程图

1．陆侧客流总量预测

陆侧客流总量预测相当于“四阶段”法中的出行生成预测，陆侧客流总量预测的基础数据为航空业务量，即规划年旅客吞吐量。旅客吞吐量扣除航空中转量之后得到陆侧旅客吞吐量，再叠加接送客客流量（国内、国际旅客的接送客比例不同，且与机场所在城市有关，一般按照统计经验数据取值）得到陆侧客流总量。在实际出行数据中，要考虑机场周边开发及机场工作人员交通量对陆侧客运总量的影响。

此外，考虑到节假日及旅游旺季等因素，机场航空业务量需考虑高峰日系数，根据相关统计数据，高峰日系数取值在1.3 ~ 2.0。高峰小时系数结合机场空侧航班的起降时间分布来计算，一般取值0.08 ~ 0.12。

2．交通方式预测

各机场的交通方式数据有所差别。通过分析比较国内外主要枢纽机场的旅客出行方式得出（图6-2），个体化出行比例一般在30% ~ 85%，集约化出行比例一般在15% ~ 70%，其中国内大型机场的个体化出行比例一般在50%以上。大型机场需引导旅客通过集约化的交通方式出行，减少机场陆侧道路系统的交通压力，降低陆侧静态交通设施的需求，集约利用土地资源。

目前，大型机场陆侧公共交通包括机场巴士、地铁、公共汽车、火车等多种方式。就地面公共交通来说，我国香港国际机场地面公共交通比例最高，达到45%，其余机场相对较小。在轨道交通（含火车、地铁、机场快轨等）比例中，日本东京羽田国际机场

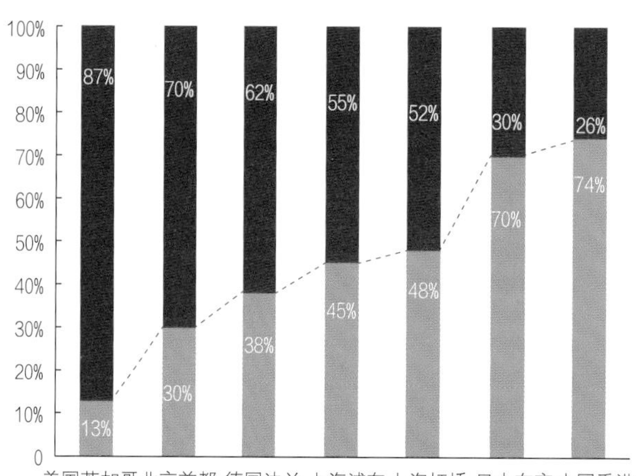

图6-2　国内外主要枢纽机场交通方式比例

比例最高，机场快轨、地铁运送旅客占进出机场旅客的50%，其余机场轨道交通运送旅客的比例为20%～30%。

3．陆侧车行交通量预测

陆侧交通量预测根据进场、离场流程可以分为以下四部分内容。

1）进场送客：离港旅客及送客人员进场交通量，此时客流量为出发旅客+送客人员。

2）送客后离场：送客后离场交通量，此时客流量为送客人员。

3）接客前进场：接客前进场交通量，此时客流量为接客人员。

4）接客离场：到港旅客及接客人员离场交通量，此时客流量为到达旅客+接客人员。

其中，进场的交通量为1）+3），离场交通量为2）+4）。

出发车道边、大巴落客区等与出发流程相关交通设施的规模通过进场交通量测算，出租上客位、大巴发车区等与到达流程相关交通设施的规模通过离场交通量测算。

需要注意的是，某种交通设施规模应依据该交通设施承担的最大交通量计算。陆侧进场交通与离场交通同时存在，需要具体分析。

进场路同时承担了离港旅客、送客人员进场交通量，以及接客前进场交通量，进场路车道数规模测算时应选择上述两部分交通量叠加最大值；出发车道边承担了离港旅客、送客人员进场交通量（扣除不在车道边落客的交通量，如直接进车库落客及在场站落客的大巴交通量），车道边规模测算时应选择离港旅客、送客人员进场高峰交通量（扣除不在车道边落客的交通量）。

6.2.3 机场陆侧车行交通需求的关键参数

机场陆侧交通需求预测需要计算进场送客、送客后离场、接客前进场、接客离场详细流程的交通量，其中涉及诸多关键参数。

1．流程

按照不同车种、不同目的地，对不同流程梳理如下。

（1）小汽车

进场送客流程1：进场路—出发层—离场路；

进场送客流程2：进场路—出发层—车库（先在出发层下客，后至车库停车，常见于家庭出行）；

进场送客流程3：进场路—车库（直接去车库停车，然后去航站楼登机，一般为长时间停车）；

送客后车库离场流程：车库（送至车库）—离场路；

接客前进场流程：进场路—车库；

接客离场流程：车库—离场路。

（2）出租车

进场送客流程1：进场路—出发层—离场路；

进场送客流程2：进场路—出发层—出租蓄车场（送客后一般会选择在机场排队后接客再离开）；

空车进场接客流程：进场路—出租蓄车场；

接客离场流程：出租蓄车场—出租接客区—离场路。

（3）网约车

进场送客流程1：进场路—出发层—离场路；

进场送客流程2：进场路—出发层—网约车候客停车区；

进场送客流程3：进场路—网约车专用下客车道边—网约车候客停车区；

接客离场流程1：网约车专用接客车道边—离场路；

接客离场流程2：网约车候客停车区—离场路。

（4）机场大巴

进场送客流程1：进场路—出发层—大巴蓄车场；

进场送客流程2：进场路—大巴下客区—大巴蓄车场（取决于机场运营管理，部分机场大巴不在出发层落客）；

接客离场流程：大巴蓄车场—大巴接客区—离场路。

（5）长途大巴

进场送客流程：进场路—长途大巴场站（长途大巴一般有专用场站，到港、离港旅客通过步行换乘）；

接客离场流程：长途大巴场站—离场路。

（6）贵宾服务

进场送客流程：进场路—贵宾厅；

接客离场流程：贵宾厅—离场路。

2．关键参数

（1）小汽车送客入库比例

进场送客小汽车大多数会直接至出发层送客后离开，占比为80%～85%，其余送客后进入车库或直接进入车库，占比为15%～20%。

（2）出租车送客后离场比例

进场送客出租车大多数会再次进入蓄车场排队接客，占比为80%～90%；其余送客后直接离场，占比为10%～20%。

（3）网约车送客后离场比例

与出租车不同，网约车送客后大部分会直接离场，占比为60%～70%；其余送客后会选择进入网约车候客停车区接客。

（4）大巴送客后离场比例

机场大巴、长途大巴送客后100%进入蓄车场/场站等待，接客后再离场；其他社会大巴如旅游大巴等，送客后一般直接离场。

（5）社会车库周转率

目前，国内大型枢纽机场的小汽车周转率为每日2.0～4.0次（不含网约车），考虑到集约利用机场陆侧空间资源，通过价格、引导等管理手段提高周转率。因此，小汽车平均周转率按照3.0～4.0进行计算。

此外，需要考虑极端高峰工况下的小汽车停车需求，一般高峰日停车需求/极端高峰日停车需求比例一般在45%～65%。

（6）网约车车库周转率

网约车周转率相对于社会车辆要高，每小时0.5～1.0。鉴于停车特征与社会车辆不同，部分枢纽会设置网约车专用停车区，制定专门的停车收费等管理措施，但是有些枢纽网约车管理并无特殊安排，网约车直接在社会车库中停放，收费规则同社会车辆。

（7）出租车蓄车场周转率

一般机场出租车的运营时间为6:00～24:00，即18个小时的运营时间。受出租车蓄车场车位规模、蓄车场出口车道规模、与上客区距离远近等因素影响，出租车在蓄车场的排队等候时间约为1小时。因此，出租车的平均周转率可按照每日18.0次进行计算。

（8）机场大巴蓄车场周转率

机场大巴按照线路、时刻表运营，考虑到机场大巴往返一次所需要的时间，平均周转率按照每日5.0次考虑。

（9）长途大巴场站停车周转率

长途大巴按照路线、时刻表运营，由于长途大巴的运送距离较远，平均周转率按照每日2.0次考虑。

（10）载客率

载客率根据机场所在地区经济水平及交通特征有所差异，小汽车/出租车/网约车载客率一般在每车1.0～2.0人，大巴载客率一般在每车20～50人。

（11）出发层停靠时间

考虑取行李支付等环节，小汽车/出租车/网约车在出发层临时停靠时间一般为1.5～3分钟，大巴一般为5～10分钟。

（12）出发层停车位长度

小汽车/出租车/网约车一般按照8.6m、大巴按照20m考虑。

（13）网约车专用车道边停放时间

网约车下客、上客在专用车道边时，平均停靠时间为1.0分钟（不考虑车等人的情况）。

上述参数给出的是一般情形下的取值，在具体项目中应进行专题调研，综合运营管理的需要得出参数取值。

6.3 交通设施配置规模

6.3.1 交通设施类型

交通设施规模测算（图6-3）的前提是计算该交通设施所承担的最大交通量。机场交通设施一般可分为通道类交通设施（道路、车道边）及场站类交通设施（场站、上下

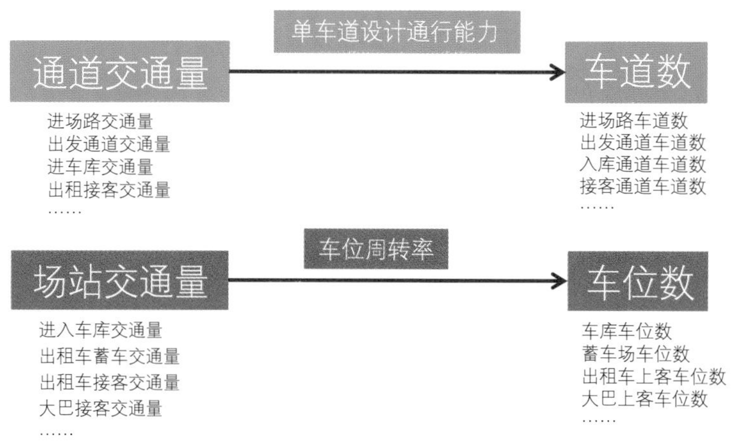

图6-3 交通设施规模测算示意图

客区域)。对于通道类交通设施，计算该通道承担最大交通量，并通过单车道通行能力计算得到车道数规模；对于场站类交通设施，计算该场站承担最大交通量，并通过车位周转率计算得到车位数规模。

6.3.2 关键交通设施规模

1. 进场路

进场路为机场与外部联系最重要的交通设施之一，进场路规模即进场路车道数。进场路同时承担进场送客及接客前进场交通量，其车道规模测算公式如下：

$$N = \frac{Q}{Q_i} \tag{6-1}$$

式中：Q为进场路高峰小时交通量（进场送客及接客前进场交通量）；Q_i为某种设计速度下单车道通行能力，一般设计速度为60km/h的单车道设计通行能力为1400pcu/h，设计速度为50km/h的单车道设计通行能力为1350pcu/h。

2. 出发车道边

机场车道边是可供车辆停靠上下客的道路设施，是机动车交通与步行交通转换的物理载体，是联系外部道路与航站楼的媒介。出发车道边是服务进场出发的交通设施，一般由人行落客平台、停车道、行车道构成（图6-4）。车辆由外部道路驶入车道边后，在内侧停车道停靠落客（外侧行车道车辆需变道进入停车道），之后再变道进入行车道驶离，返回至外部道路。

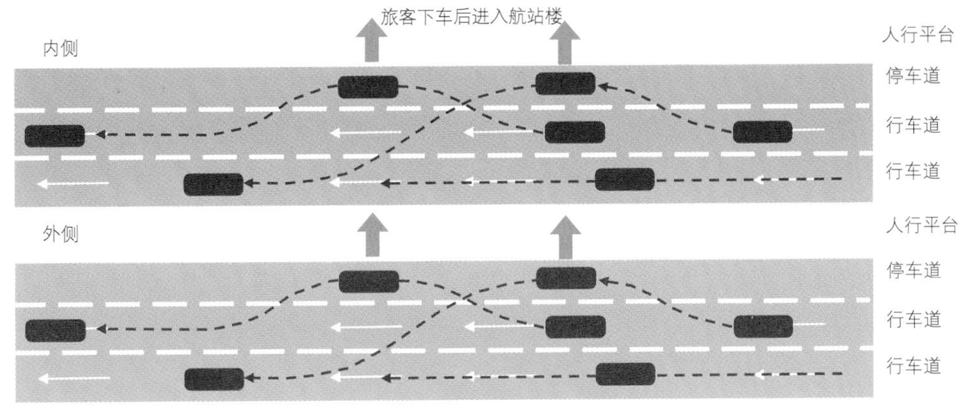

图6-4 出发车道边构成示意图

可以根据驶入车道边的车流量来计算车道边的长度，总体思路是计算不同车种所需的停靠车道长度求和。不同车种停靠车道长度计算公式为：

$$L_i = l_i \cdot \frac{Q_i T_i}{60} \quad (6\text{-}2)$$

式中：i为不同车种（私家车、出租车、大巴等）；L_i为不同车种所需停靠车道长度；l_i为不同车种的停车位长度；Q_i为不同车种高峰小时进入车道边的车流量；T_i为不同车种在车道边的停靠时间。

根据国内7座大型机场的相关数据统计（表6–1）可以得到1000万人次/年旅客吞吐量对应的车道边规模，折算成停靠车道长度在200～280m，平均值为260m。

国内大型机场车道边规模统计数据　　表6–1

机场名称	设计年吞吐量（万人次）	车道边模式	车道边长度（m）	停靠车道长度（m）	每1000万旅客停靠车道长度（m）	落客区设置
上海浦东国际机场	实际：7615 设计：8000	T1航站楼——2组：（2+4） T2航站楼——2组：（3+5）	400	1600	200	大车靠内，小车靠外
广州白云国际机场	实际：7338 设计：3500+4500	T1航站楼——2组：（北侧，3+4） T1航站楼——2组：（南侧，3+4） T2航站楼——3组：（3+3+3）	260 200 400	2120	265	T1航站楼大小车混行； T2航站楼大车靠内，小车靠外
成都双流国际机场	实际：5586 设计：1000+3800	T1航站楼——1组：（4+1） T2航站楼——2组：（2+5）	350 500	1350	281	T1航站楼大小车混行； T2航站楼大车靠内，小车靠外
深圳宝安国际机场	实际：5293 设计：4500	T3航站楼——3组：（3+3+3）	300	900	200	大车靠内，小车靠外
昆明长水国际机场	实际：4807 设计：3800	单层：9（3+3+3）	340	1020	268	内侧大车+小客车，中间出租、外侧小客车

续表

机场名称	设计年吞吐量（万人次）	车道边模式	车道边长度（m）	停靠车道长度（m）	每1000万旅客停靠车道长度（m）	落客区设置
西安咸阳国际机场	实际：4722 设计：4200	T2航站楼——2组：（2+3） T3航站楼——2组：（3+3）	200 320	1040	248	T2航站楼小车靠内，外侧大小车混行； T3航站楼大车靠内，小车靠外
上海虹桥国际机场	实际：4563 设计：4000	T2航站楼——2组：（北侧，3+4） T2航站楼——2组：（南侧，3+4）	260 260	1040	260	大车靠内，小车靠外； 允许出租车进入内侧

注：表中机场实际吞吐量取2019年数据。

3．出租车

出租车规模主要指标为接客区上客位车位数及蓄车场车位数（下客位数量在出发车道边规模中已考虑）。上客位车位数计算如下：

$$n=\frac{P}{P_0} \tag{6-3}$$

式中：P为高峰小时搭乘出租车离场客流量（交通量）；P_0为单个上客位每小时的发送客流量（车流量）；P_0取值与出租车上客车位的布局模式有关。

相关机场运营经验表明，斜列式布局的出租车上客区发车效率高于平行式，斜列式上客区每个发车位每小时可以发送约90辆车，平行式上客区每个发车位每小时可以发送约45辆车，在用地方面，斜列式所需用地空间更大，在用地条件较好情况下可考虑优先选用。

出租车蓄车场规模通过进入蓄车场车流量及车位周转率计算，计算公式如下：

$$n=\frac{Q}{Q_0} \tag{6-4}$$

式中：Q为全日进入蓄车场的出租车流量；Q_0为出租车蓄车场周转率（次/日）。

4．网约车

网约车的规模指标为下客车位数、上客车位数、候客区车位数。网约车下客分为在出发车道边下客及专用车道边下客两种情况，下客车位数计算公式如下：

$$n=\frac{P}{P_0} \tag{6-5}$$

式中：P为高峰小时搭乘网约车进场客流量（交通量）；P_0为单个下客位每小时容纳的客流量（车流量）。

网约车上客分为在停车位上客及专用车道边上客两种情况，专用上客车道边车位数的计算公式如下：

$$n=\frac{P}{P_0} \tag{6-6}$$

式中：P为高峰小时搭乘网约车离场客流量（交通量）；P_0为单个上客位每小时的发送客流量（车流量）。

网约车的停车分为在专用停车区停车及在社会车库（与社会车辆共用）停车两种情况，网约车停车位计算公式如下：

$$n=\frac{Q}{Q_0} \tag{6-7}$$

式中：Q为高峰小时进入候客区的网约车流量；Q_0为网约车候车位周转率（次/h）。

5. 社会车辆停车

社会车辆停车一般分为楼前停车楼（库）停车与远端停车场停车两种，楼前停车楼（库）停车主要服务短时间停靠接客，远端车场停车主要服务长时间停车及极端高峰情形的停车溢出需求。社会车辆停车规模计算方法同出租车蓄车场。

6. 大型巴士

大型巴士包含机场大巴、长途大巴、旅游大巴及其他社会大巴，其接客区上客位及蓄车位规模计算方法同出租车。

6.4 交通组织

机场场内交通组织为机场陆侧交通规划的重要环节，主要目标是制订一套高效集散的总体交通方案，包含交通设施布局及交通流线组织两部分内容。交通设施布局与交通流线组织两者相辅相成，不可简单割裂，需要统筹考虑。

2019年国内客流量排名前10的机场年旅客吞吐量均超过了4000万人次，日均旅客吞吐量在11万人次以上，考虑到工作人员通勤及机场日常运营，日均进出机场的人流量超过15万人次，日均进出机场的车流在5万辆至十几万辆，大型机场成为巨量的交通集散点，机场的陆侧交通组织成为一个极具挑战性的命题。同时，机场陆侧交通的各种流程会在航站区核心区——航站楼前区域集中出现，而楼前区域由于种种原因往往用地受限，导致楼前区域的陆侧交通组织难度进一步加大，如何解决好楼前陆侧交通组织成为机场规划设计的一个关键性环节。

6.4.1 交通设施布局原则

1. 立体分层，集约用地

大型机场航站楼因客流量大往往采用分层进出的布局，与之衔接的陆侧道路系统往往也是高架、地面、地道的多层布局模式，在进行道路设施总体方案设计时，应充分考虑利用桥下空间（图6-5），考虑桥隧结合方案（图6-6），在控制工程投资的前提下，尽量压缩道路设施占地，为楼前区域腾挪出更多开发用地。

图6-5 重庆江北国际机场T3航站楼桥下空间利用

图6-6 广州白云国际机场T2航站楼桥隧结合

2. 近大远小，公交优先

要实现换乘高效、系统最优的目标，需根据换乘量大小来确定枢纽各交通设施的相对位置，换乘量大的衔接交通设施应尽量靠近航站楼，以此缩短旅客步行距离，一般来说，公共交通载客率大、换乘量大，需尽量贴近航站楼，大巴下客车道宜在出发车道边内侧布置，大巴接客区宜在接客车道内侧布置（图6-7）。

3. 场站分离原则

为了节省楼前核心区区域的用地，可以考虑将出租车蓄车场、大巴停车场、网约车

图6-7　德国法兰克福国际机场公交站实景

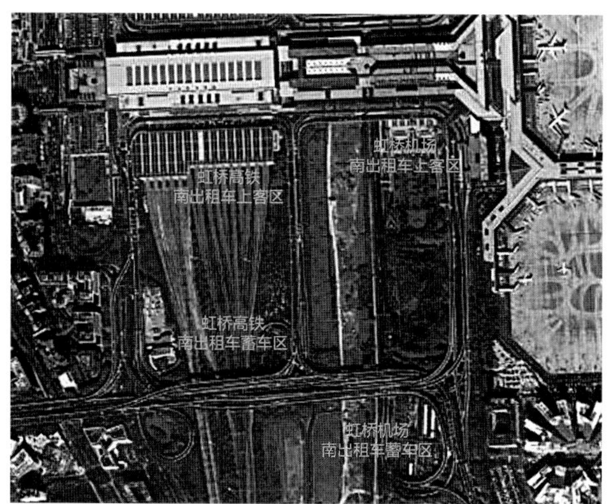

图6-8　上海虹桥枢纽出租车场站分离示意图

停车场等设置在外围区域（图6-8），新建或者改扩建的机场在规划阶段需做好用地预留控制，同时需要考虑外围场地与楼前旅客上落客点的交通联系。

4. 可分可合，界面清晰

不同交通设施往往建设、运营管理主体不同，清晰的界限便于各部门操作（图6-9）。在规划设计阶段，不仅仅需要考虑不同交通设施水平贴临，空间融为一体，以此来实现换乘高效、集约用地；同时，也需要不同部门和设计人员协商，根据建筑结构的构造缝或防火单元分区理出清晰的界面。

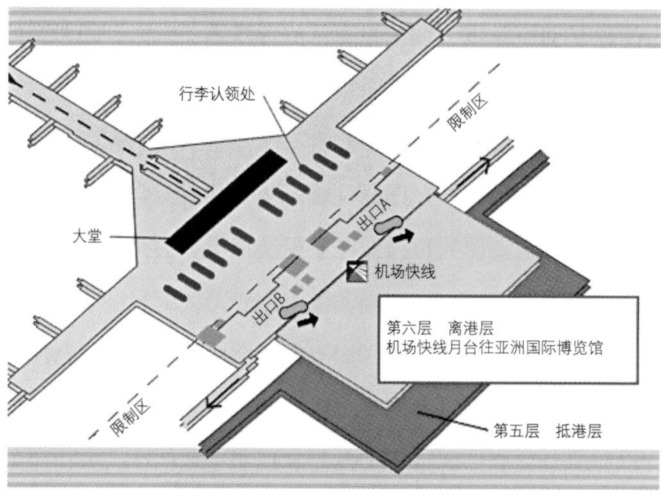

图6-9　香港国际机场设施界限

6.4.2　流线组织总体策略

机场陆侧机动车交通流线从不同维度可以有不同分类，主要几种分类如下。

1）从流程上，机场陆侧交通可分为出发交通与到达交通两大类，其中出发交通主要是指进入机场送客的交通，到达交通主要是指航班抵达后接客离开机场的交通。

2）从车种上，机场陆侧交通可分为私家车、出租车、公交车、网约车、长途巴士、旅游巴士等交通。

3）从人员上，可分为旅客、接送客、员工等交通。

4）从去往的目的地上，可分为航站楼、车库、贵宾区、远端蓄车场等交通。

在机场陆侧交通规划设计过程中，每一条具体交通流线都涵盖了以上各种维度，且每一条流线的要求及标准都有所差异，因此需要对机场陆侧交通流线进行系统化梳理，可以考虑采用换乘矩阵，如表6-2所示。

机场陆侧交通换乘矩阵　　表6-2

		进场		离场		出发			到达			GTC			机场配套			
		西	东	西	东	T1	T2	T3	T1	T2	T3	P1	P2	P3	VIP	塔台	能源中心	贴建办公
进场	西					√	√	√	√	√	√	√	√	√	√	√	√	√
	东					√	√	√	√	√	√	√	√	√	√	√	√	√
离场	西																	
	东																	
出发	T1			√	√		√	√				√	√	√		√	√	√
	T2			√	√	√		√				√	√	√		√	√	√
	T3			√	√	√	√					√	√	√		√	√	√
到达	T1			√	√					√	√							
	T2			√	√				√		√							
	T3			√	√				√	√								
GTC	P1			√	√								√	√		√	√	√
	P2			√	√							√		√		√	√	√
	P3			√	√							√	√			√	√	√
机场配套	贵宾			√	√													
	塔台			√	√	√	√	√				√	√	√			√	√
	能源中心			√	√	√	√	√				√	√	√		√		√
	贴建办公			√	√	√	√	√				√	√	√		√	√	

注：表中红色√表示流量较大的流线，蓝色√表示流量次之的流线，绿色√表示流量较小的流线。

表6-2梳理的是一个拥有三座航站楼、从两个方向进场的机场的陆侧交通流线，在不分车种的情况下，流线多达130条，所以机场陆侧交通流线数量大、复杂程度高。

1．分级保障策略

需要对机场的所有流线进行优先级分类，不同类型流线既要有所兼顾，从场地条件及投资经济性上考虑，又要有所差别。旅客流线是机场最为重要的部分，应该优先保障；在旅客流线中，主要进场方向以及承担主要旅客量的航站楼对应的流线最为重要；贵宾交通虽然量不大，但也需要给予足够重视；员工流线的重要程度次之。按照服务对象、方向来源等因素将大型机场交通流线分成主要流线、次要流线、一般流线三类，对各类流线的组织策略（表6-3）进行差异化考虑。

大型机场交通流线分类策略 表6-3

级别	分类	内容	备注	组织原则
主要	大部分旅客交通	出发流线 车库流线 接客流线 贵宾流线 ……	流量较大（占比>5%），重要流程	优先保障 流线顺畅，快进快出
次要	部分旅客交通 工作交通 员工交通	北向车库流线 酒店流线 东、西区联系流线 城市行李车流线 ……	流量较小，但是机场正常运行所需的常规流程	重点考虑 流线顺畅，顺应主要流程
一般	部分后勤交通 紧急情况下的流程 容错流程	车库满员离场流线 接客出租车空车离场流线 误入贵宾区离场流线 商务区进出车库流线 ……	流量极少 特殊工况下的流程	路通 有路径通行，可以接受绕行

2．单向循环策略

楼前区域的交通流线数量多、用地受限，难免会存在流线短距离交叉的情况，甚至

图6-10 上海浦东国际机场楼前循环道路系统

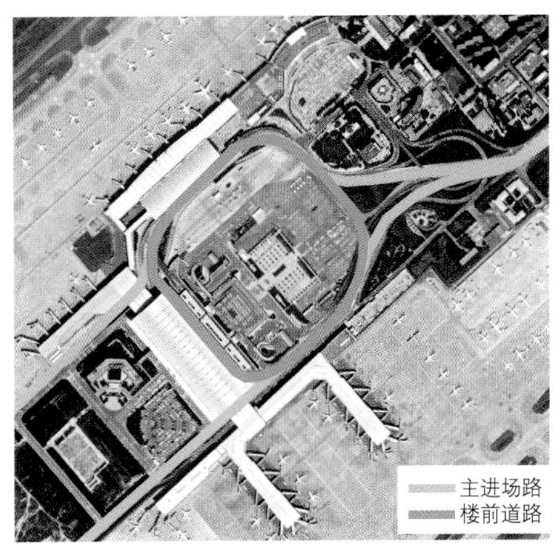

图6-11 西安咸阳国际机场T2、T3楼前循环道路系统

有些节点不得不采用信号灯加以管控。从国内已有的大型机场案例来看，基本都在航站楼前构建了单向循环道路系统（图6-10、图6-11）。

单向循环的交通组织模式尤其适用于拥有多座航站楼的大型机场，从西安咸阳国际机场西航站区交通改造工程的实践来看，单向循环的组织模式虽然增加了一定绕行距离，但是整合了共通道、共路径的流线，减少了道路设施占地，减少了交织点数量，大大提高了交通运行效率。此外，楼前单向大循环道路系统可以与不同方向的进场路进行便捷衔接，也可以串联起核心航站区的航站楼、车库、贵宾区等不同区域，交通运行的综合效率较高。

3. 逐级分流策略

进场时，驾驶人需要根据交通标志指引去往不同的目的地，如落客平台、车库、贵宾区等。大型机场往往拥有两座以上航站楼、多处停车场地，因此指引信息较多，根据驾驶习惯，交通指示牌往往设置在邻近航站楼的进场路上，留给驾驶人判读信息并决策的时间十分有限，因此需要结合航站区的设施布局对指引系统进行精细化设计。

指引系统的设计原则是减少判读点数量、减少单个判读点的信息量。

（1）先分目的地再分到发

当机场的多座航站楼相互独立且均配套建设了落客平台、停车场、出租车/大巴上客点等交通设施时，宜指引驾驶人先选择目的地再进行到发选择。

（2）先分到发再分目的地

当航站楼之间贴近连为整体或者单座航站楼有2层及以上落客平台时，宜指引驾驶人先选择到发再进行目的地选择，如图6-12所示西安咸阳国际机场西航站区T2、T3航站楼之间的出发、到达指引模式。

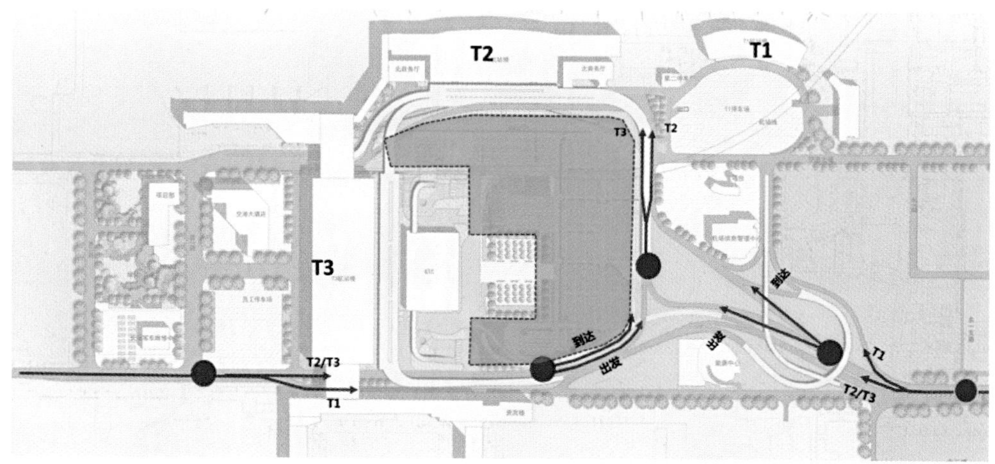

图6-12　西安咸阳国际机场西航站区逐级分流指引系统示意图

4. 场内与场外相互独立，适度联系

大型机场是集航空、轨道交通、小汽车、大巴等多种交通方式于一体的综合客运枢纽，是聚集车流、人流、货物流、信息流的场所，其建设不仅能促进城市综合交通体系的快速发展，而且也会带来城市空间和功能结构的改变，大型机场及其周边区域可能成为城市联系更大空间范围的辐射中心。充分利用好、把握好大型机场的优越条件，围绕机场规划建设临空商务区是目前的大势所趋，但同时，商务区所汇聚的交通流也是巨量的，如何处理好与机场的交通衔接，兼顾两者的交通集散需求，是商务区能否成功的重要因素。

首先，在邻近航站楼的核心区域范围内，机场的高效集散功能应优先保障，在该区域构建“快进快出，机场专用”的集散体系，不要在主进场路设置下至商务区的匝道（或者商务区上至主离场路的匝道），避免吸引商务区通勤交通，挤占通道资源，降低机场的交通集散保障度，商务区与集散主线的联络可以考虑在外围解决；另外，为了方便服务商务区近距离进出枢纽的客流，宜在邻近航站楼区域内设置商务区上至主进场路的匝道（或者主离场路下至商务区的匝道）。

综上所述，大型机场与商务区在核心区的交通组织策略为“相互独立，适度联系”（图6-13）。

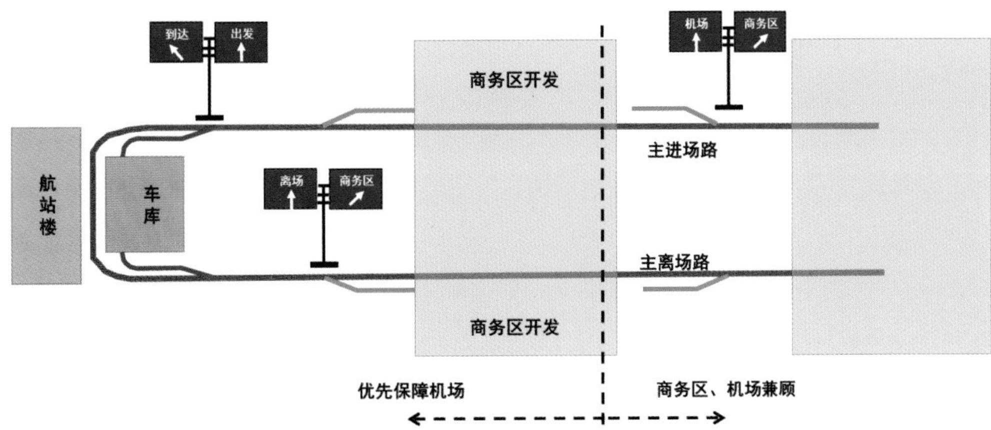

图6-13 枢纽交通与商务区交通衔接策略示意图

6.4.3 关键交通组织环节

1. 航站楼与GTC换乘衔接

GTC是航站楼前换乘城市交通的场所，航站楼与GTC之间往往有大量的进出港人流及车流，需要做到人车分离来确保安全与效率。航站楼与GTC的换乘衔接一般有单层联系、两层联系及三层联系。

（1）单层联系

航站楼与GTC之间仅有一层人行通道联系，因出发客流大部分通过出发车道边进入航站楼，此时的人行通道往往衔接航站楼到达层。

武汉天河国际机场T3航站楼与楼前GTC为二层连廊联系，三层为出发车道边，地面层为出租车、大巴接客车道（图6-14）。

航站楼
出发层
送客车道
GTC
到达层
人行连廊
停车、商业
地面车道
停车
行李
停车、轨道、城际交通站厅
停车、轨道、城际交通站台

图6-14 武汉天河国际机场T3航站楼人行连廊示意图

西安咸阳国际机场T3航站楼与楼前GTC在地面层人行联系，二层为出发车道边（图6–15）。

（2）二层联系

航站楼与GTC之间有两层人行通道联系，常见于有轨道交通的大型机场，往往有一层人行通道可联系轨道交通站厅。

北京大兴国际机场二层连廊联系航站楼国内到达层与GTC，同时地下一层联系航站楼捷运站厅层与GTC（图6–16）。

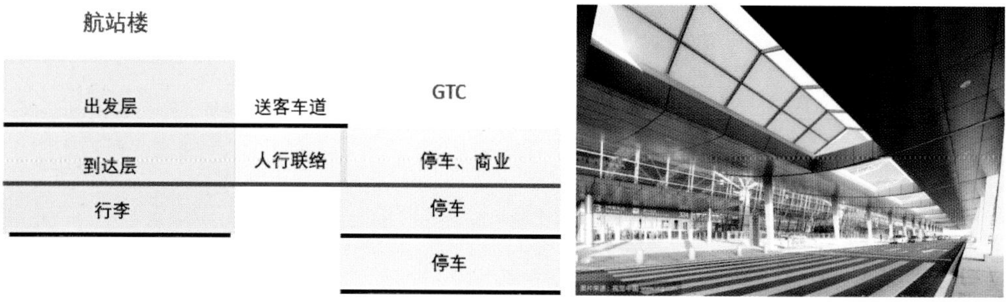

航站楼
出发层
送客车道
GTC
到达层
人行联络
停车、商业
行李
停车
停车

图6–15　西安咸阳国际机场T3航站楼人行连廊示意图

航站楼
国际出发层
送客车道
GTC
国内出发层
送客车道
停车、商业
国内到达层
人行连廊
停车
国际到达层
地面车道
停车
捷运站厅
人行连廊
地铁站厅
捷运站台
地铁站台

图6–16　北京大兴国际机场航站楼人行连廊示意图

（3）三层联系

上海虹桥国际机场采用三层联系系统，包括地上两层联系及地下一层联系（图6–17）。

2. 出发车道边交通组织

（1）单层、多层出发车道边

航站楼一般为单层出发布局，对应的出发车道边也为单层布局，当少数航站楼有多层出发布局时，车道边也为多层布局。目前国内已运营的北京大兴国际机场为双层出发

航站楼		GTC
出发层	人行连廊	停车、商业
到达（无行李）层	人行连廊	停车
到达层	地面车道	停车
	人行连廊	地铁站厅
		地铁站台

图6-17　上海虹桥国际机场航站楼人行连廊示意图

图6-18　北京大兴国际机场双层出发车道边示意图

车道边（图6-18），北京大兴国际机场上层出发车道边服务国际出发旅客，下层出发车道边服务国内出发旅客；正在建设的西安咸阳国际机场T5航站楼为双层出发车道边（图6-19）。西安咸阳国际机场T5航站楼上层出发车道边服务国际及国内出发旅客，下层出发车道边服务国内无行李托运出发旅客。

图6-19　西安咸阳国际机场T5航站楼双层出发车道边示意图

（2）单组、多组出发车道边

单组车道边是指仅有一套人行平台与车道组合的布局模式（图6-20）。从国内运营

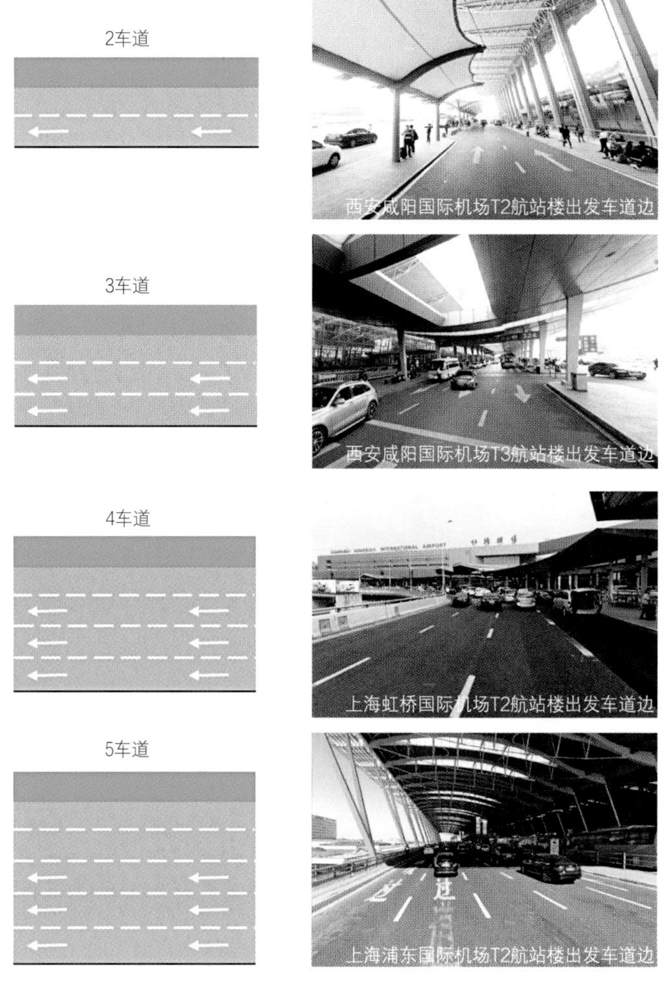

图6-20 单组出发车道边示意图

的机场案例看，单组车道边的车道数为2～5条，以3条车道居多。单组车道边为3车道时，内侧为停靠落客车道，外侧2车道为通行车道；单组车道边为4车道时，外侧3车道为通行车道，高峰时段靠近内侧的第2条车道也可作为停靠车道使用；单组车道边为5车道时，内侧2车道为停靠落客车道，外侧3车道为通行车道。

超过5车道的车道边将导致2条以上车道停靠，车道边整体运行效率将大打折扣，不建议机场设置超过5条车道的车道边。此外，单组车道边为2车道常见于早期旅客吞吐量较小的机场，后续新建及改扩建机场很少采用，因为车辆不规则停车（如斜停、第二道停车）容易导致外侧仅有的通行车道堵塞，在实际运营中可规定2车道的车道边为大巴专用（大巴停车规则，易管控，如香港国际机场），或者对内侧车道进行加宽处理并加强管控。

多组车道边是指包含2套及以上人行平台与车道组合的布局模式（图6-21）。出发车道边是供车辆停靠下客的场所，车辆停靠、驶入、驶出及人行的影响导致车速较慢，通行能力较小。因此，需要设置多组车道边以满足落客需求。常见的车道边组数有单组、2组、3组，以2组居多。单组车道边适用于旅客吞吐量较小的机场，超过3组的车道边旅客多次穿越车道会带来人车交织严重、旅客步行距离较远、进场车流有多个车道边选择会导致交通引导较难等问题，因而很少采用。

对于车道边的分配使用，机场可以根据实际情况采用不同的管理模式，最常见的是

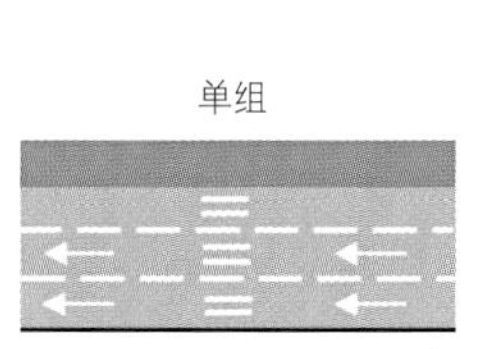

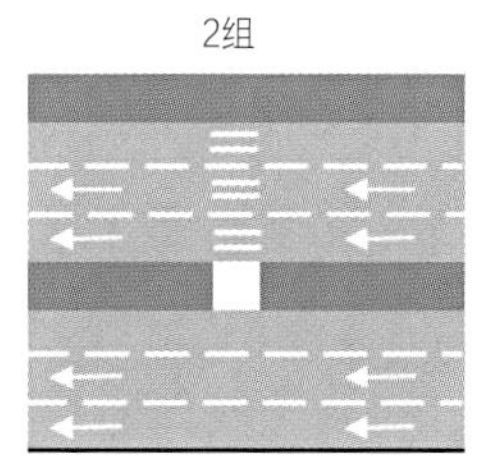

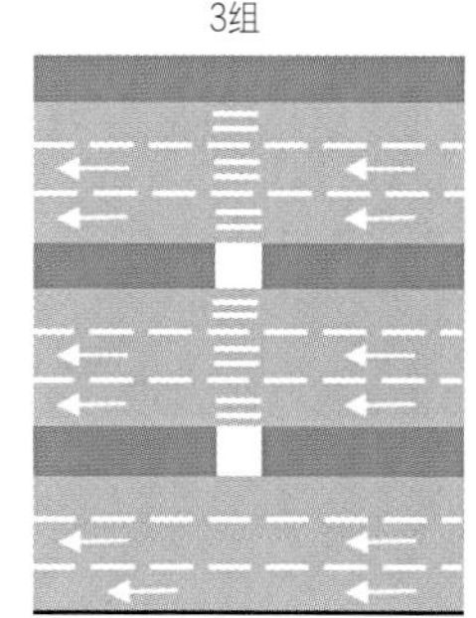

图6-21 多组出发车道边示意图

分车种使用车道边，贴近航站楼的车道边由于旅客无须穿越车道，步行距离最短，服务最佳，宜优先供公共交通性质的公交车、机场大巴、长途大巴等使用，同时由于大巴一次性下车旅客较多，提取行李时间较长，在内侧车道边落客也是降低对其他车流干扰以及人性化的体现。当机场有3组以上车道边时，可考虑出租车与私家车各自独立使用中间车道边以及外侧车道边，也可混用。

多组车道边布局模式下，各组车道边的车道数可有所差异。内侧车道边为2车道时，可考虑大巴专用；内侧车道边为3车道时，可考虑大巴专用或者大巴与出租车混用。另外，靠近航站楼的内侧车道边由于会有来自中间车道边及外侧车道边的旅客穿越，车道数不宜超过3条。

3．出租车交通组织

（1）出租车上客位组织模式

常见的出租车上客位有平行式（图6-22）及斜列式（图6-23）两种模式。

平行式布局模式最为常见，车辆平行停放，占地较为集约，旅客上车后依次离开，后车会受到前车的影响，平均每个车位的发车效率为0.75辆/分钟；斜列式布局模式效率较高，平均每个车位的发车效率为1.5辆/分钟，占地较大。

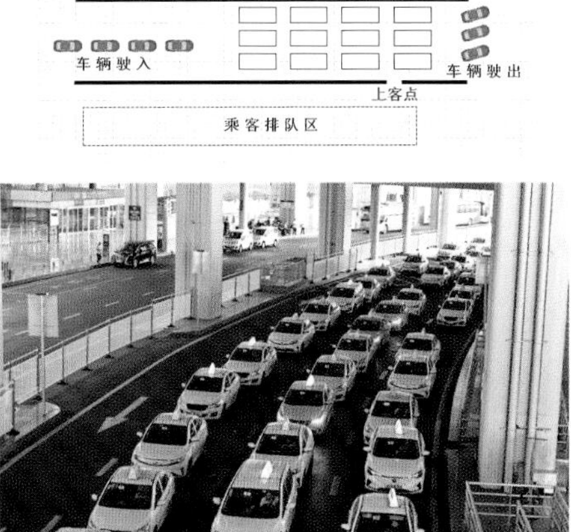

图6-22　重庆江北国际机场T3航站楼出租车上客位平行式布局

图6-23　上海虹桥国际机场T2航站楼出租车斜列式布局

（2）出租车上客区单点、多点组织

常见的出租车上客区有单点及多点两种模式。

单点布局模式最为常见，到港旅客集中在一处上客，上客区排队长、等待时间长，造成人等车、车等人现象。其主要原因是候客岛数目太多且集中布设在一个区域，这不便于客流快速疏散，也不便于管理，建议结合高峰时段到达旅客中换乘出租车的客流量与出租车上客泊位数进行出租车候客区多点布设。

广州白云国际机场在楼前分设两处出租车上客区，航站楼西侧为国内旅客上客区，东侧为国际旅客上客区（图6-24）。

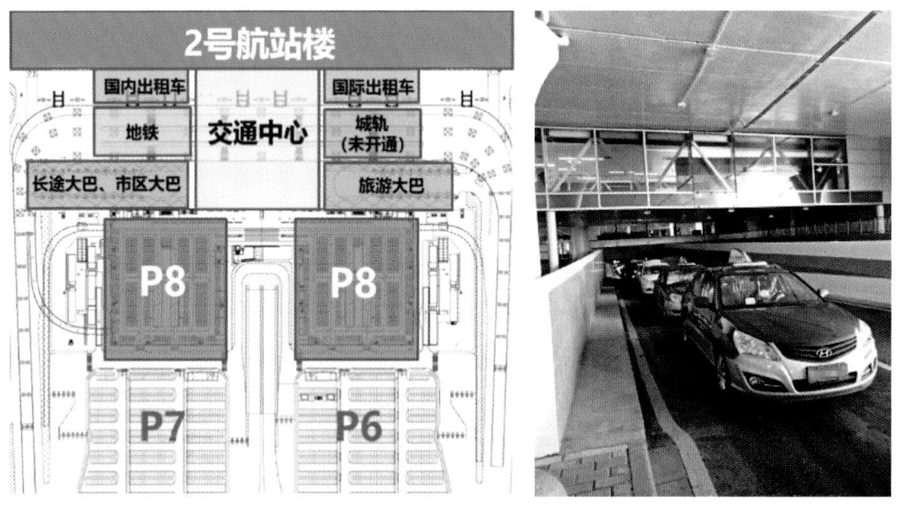

图6-24　广州白云国际机场T2航站楼出租车上客区示意图

4. 网约车交通组织

网约车作为一种新兴的交通方式，以其较好的灵活性和便利性，已经成为大型交通枢纽旅客出行的重要方式之一。目前网约车的组织运行分为以下几种情况。

（1）网约车专用接客区及蓄车区

网约车配置了专用的接客区域，且配置了专用的网约车候客蓄车区，如深圳宝安国际机场（图6–25、图6–26）。一般为了不与常规社会车流混流挤占资源，网约车蓄车区可考虑设置在机场外围，接客区可贴近旅客出站口。在管理上，网约车可在外围蓄车区接单，接单后的网约车方可进入上客区接客。这种模式司乘双方容易定位，且服务品质较高。

图6–25 深圳宝安国际机场网约车蓄车区及接客区布局

图6–26 深圳宝安国际机场网约车接客区

（2）网约车专用接客区、蓄车区与社会车库混用

在社会车库开辟出网约车专用上客车道边，网约车候客蓄车利用车库内车位停放，如广州白云国际机场（图6-27）。这种模式下旅客出站后可根据指引便捷到达上客点，但受制于车库内车流影响，接单后至上客点时间较长，旅客等待时间较长，效率受影响。

（3）网约车与社会车辆共用接客区

网约车在停放车位上上客，或者利用社会车库内临时车道边上客（与社会车辆共用），如新加坡樟宜机场（图6-28）。这种模式下网约车与社会车辆完全混杂，效率较低，无法满足网约车客流量大的需求。

图6-27　广州白云国际机场车库内专用网约车上客区

图6-28　新加坡樟宜机场网约车与社会车辆共用车道边

6.5　场内交通规划方案评价

场内总体交通方案制订后，通过交通仿真软件对路网方案建模并进行运行评价，同时也可以找出方案存在的一些问题，进而对总体方案进一步完善优化。

6.5.1　模型搭建

利用微观交通仿真软件VISSIM对机场场内交通规划制定的陆侧道路系统进行建模（图6-29）。

图6-29 交通仿真路网模型

6.5.2 运行评估

输入路网属性数据，并将交通需求预测环节计算得到的不同交通流线交通量输入模型，运行模型并进行评估（图6-30～图6-32）。评估指标通常可选择流量分配、实际运行速度以及关键断面饱和度（表6-4）。

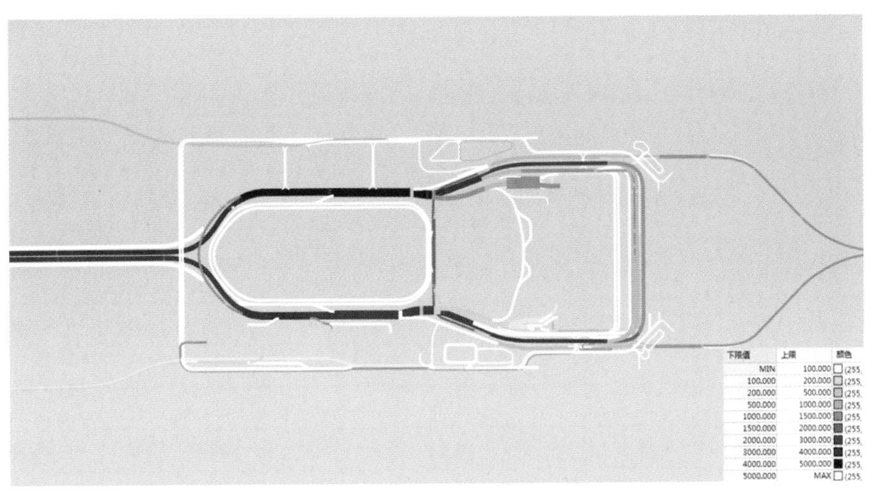

图6-30 模型运行流量分布结果（厦门翔安国际机场本期工程）

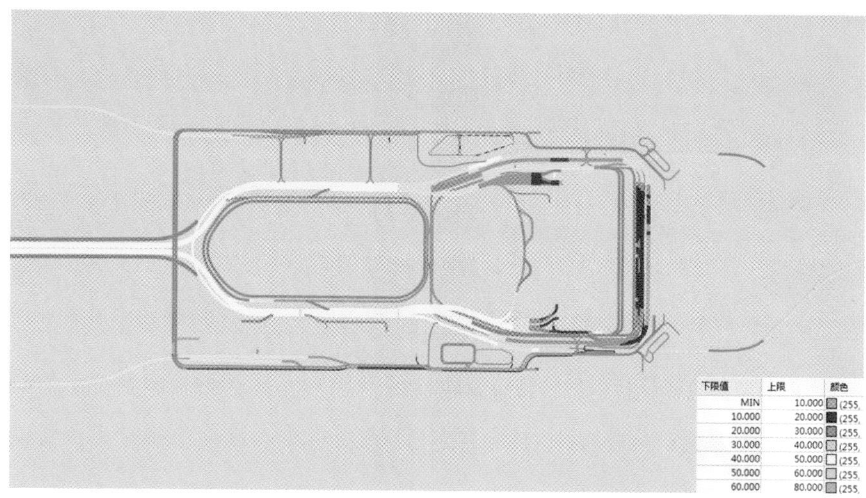

图6-31 模型模拟运行结果示意图（厦门翔安国际机场本期工程）

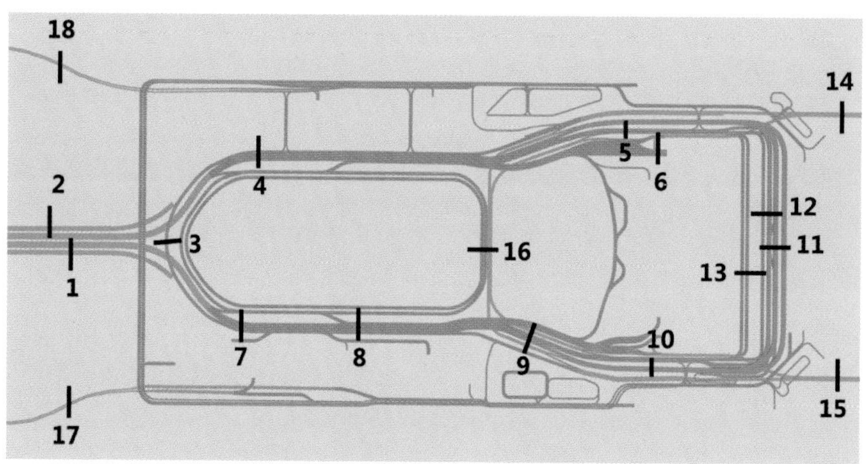

图6-32 交通量监测点设置示意图（厦门翔安国际机场本期工程）

监测点交通运行评估结果（厦门翔安国际机场本期工程） 表6-4

编号	设计速度（km/h）	车道数（条）	车道折减	通行能力（pcu/h）	交通量（pcu/h）	饱和度
1	50	4	3.2	4320	3258	0.75
2	50	4	3.2	4320	3518	0.81
3	50	2	1.85	2498	1885	0.75
4	50	6	4.5	6075	4343	0.71
5	40	3	2.6	3380	1648	0.49
6	50	3	2.6	3510	1412	0.40
7	50	6	4.5	6075	4442	0.73
8	50	6	4.5	6075	4833	0.80

续表

编号	设计速度（km/h）	车道数（条）	车道折减	通行能力（pcu/h）	交通量（pcu/h）	饱和度
9	50	5	4.0	5400	1330	0.25
10	40	3	2.6	3380	2400	0.71
11	40	3+3+2	T1出发层			
12	40	2+3	T1到达层			
13	40	2	1.85	2405	398	0.17
14	60	2	1.85	2590	1396	0.54
15	60	2	1.85	2590	1450	0.56
16	40	3	2.6	3380	1587	0.50
17	40	2（双向）	1	1300	213	0.16
18	40	2（双向）	1	1300	590	0.45

6.6 本章小结

场内交通规划是机场陆侧交通规划的难点，也是重点环节，本章根据工程规划设计实践总结了场内交通规划的交通需求预测、交通设施规模计算、交通组织、交通评价四个方面的工作内容，并进行了关键技术环节的分析。

在交通需求预测环节，提出了一种基于进场送客、送客后离场、接客前进场、接客离场四个流程的预测方法，并梳理了预测过程中的关键参数。

在交通设施规模测算环节，对通道类交通设施及场站类交通设施进行了分类梳理，并给出了进场路、出发车道边，以及出租车、网约车、社会车、大巴等车场的关键交通设施的规模计算方法。

在交通组织环节，梳理了“立体分层，集约用地”“近大远小，公交优先”“场站分离”“可分可合，界面清晰”四大布局原则，以及“分级保障”“单向循环”“逐级分流”“场内与场外相互独立，适度联系”四大流线组织策略；并进一步总结了航站楼与GTC换乘衔接、出发车道边组织、出租车组织、网约车组织等关键交通组织环节的模式。

最后，对场内交通规划方案的评价给出了利用交通微观仿真软件进行评估的方法。

本章节内容希望能为机场枢纽场内交通规划设计提供一些参考。

7

机场停车设施与交通场站规划

停车设施及交通场站作为机场的基础保障设施，对机场的高效运行至关重要。大型枢纽机场的停车规划是一个复杂的系统，按与航站楼距离划分可分为楼前停车及远端停车，按停车种类划分可分为社会车车场、出租车车场、长途大巴车场、机场大巴车场、网约车车场、公交车车场、摆渡车车场、贵宾车车场、员工车车场等；其中，楼前停车规划与远端停车规划关注点有较大差别，各类型车辆的停车规划侧重点也不同。本章选择部分案例直观展示枢纽机场的停车规划内容，并在以上停车规划划分的基础上，简单阐述不同车场规划的要点。

7.1 案例分析

选取部分枢纽机场的核心区停车规划及远端停车规划，以期相关案例能给读者更加直观的认识。

1. 厦门翔安国际机场停车规划

在前面部分章节中，已经介绍了厦门翔安国际机场的总体情况，本节简要介绍厦门翔安国际机场停车规划情况。厦门翔安国际机场本期在机场核心区共设置三处停车区域（图7-1），分别为GTC南北两侧社会停车楼、进场道路南侧运营车辆蓄车场、离场道路北侧停车场。其中，GTC南、北两侧停车楼共设置3447个车位，在停车楼内设置网约车接客点，GTC内设置了各类巴士站点，相关巴士蓄车场设置于外围。

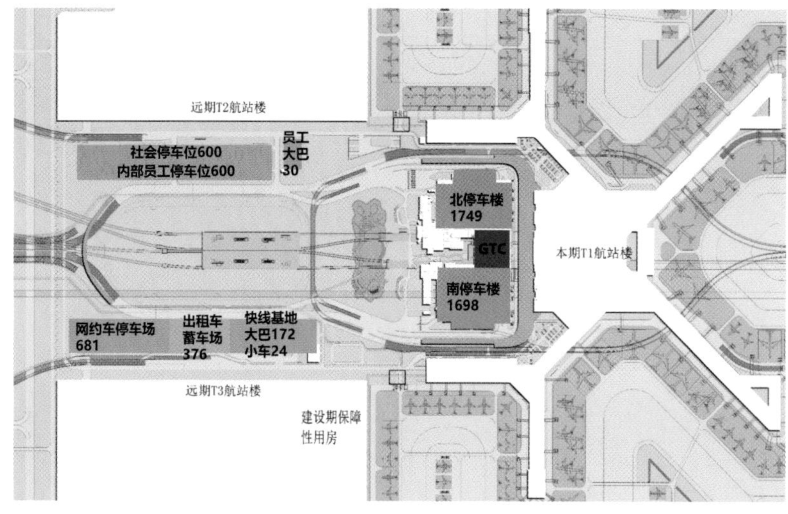

图7-1 厦门翔安国际机场本期停车规划分布总体示意图

进场道路南侧运营车辆蓄车场包括三处室外停车场（图7-2），整体布局从西向东依次为网约车停车场、出租车蓄车场、各类巴士停车场，西侧网约车停车场设置停车位681个，出租车蓄车场设置蓄车位376个，各类巴士停车场共设置巴士停车位172个。

离场道路北侧停车场包括三处室外停车场（图7-3）：外部小汽车停车场（过夜车辆）、员工车辆停车场、巴士通勤停车场。员工车辆停车场和社会车辆过夜停车场各设600个小车位，员工通勤大巴停车场共设30个大车位。

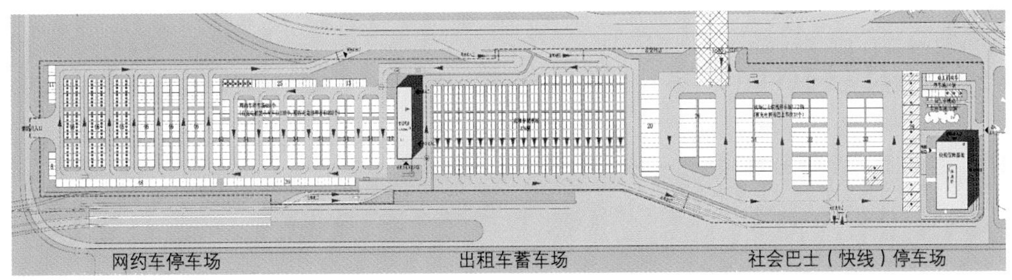

图7-2　厦门翔安国际机场进场道路南侧运营车辆蓄车场

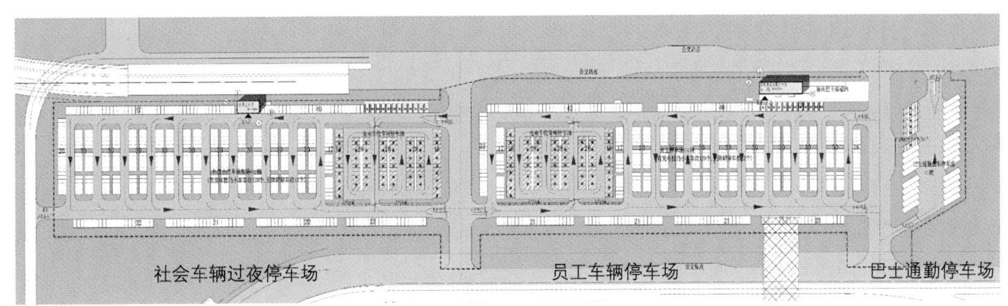

图7-3　厦门翔安国际机场离场道路北侧停车场

厦门翔安国际机场本期停车规划特点为：

1）靠近航站楼的核心区设置充足的社会车辆停车位以满足社会车辆停车需求。

2）GTC内部设置相关运营车辆接送客站点，很少设置蓄车位。

3）运营车辆基本采用场站分离模式，蓄车场设置于核心区外围。

4）员工车辆及社会车辆长时停车考虑设置于核心区外围。

厦门翔安国际机场远期在机场区域布置远端社会车辆停车场两处（图7-4），共5000个车位，远端巴士蓄车场170个泊位，出租车蓄车场1700个泊位。航站区内T1航站楼社会车辆停车场共3447个车位，T2、T3航站楼社会车辆停车场共4000个泊位。远期停车规划要点基本与本期停车规划要点一致，在此不再赘述。

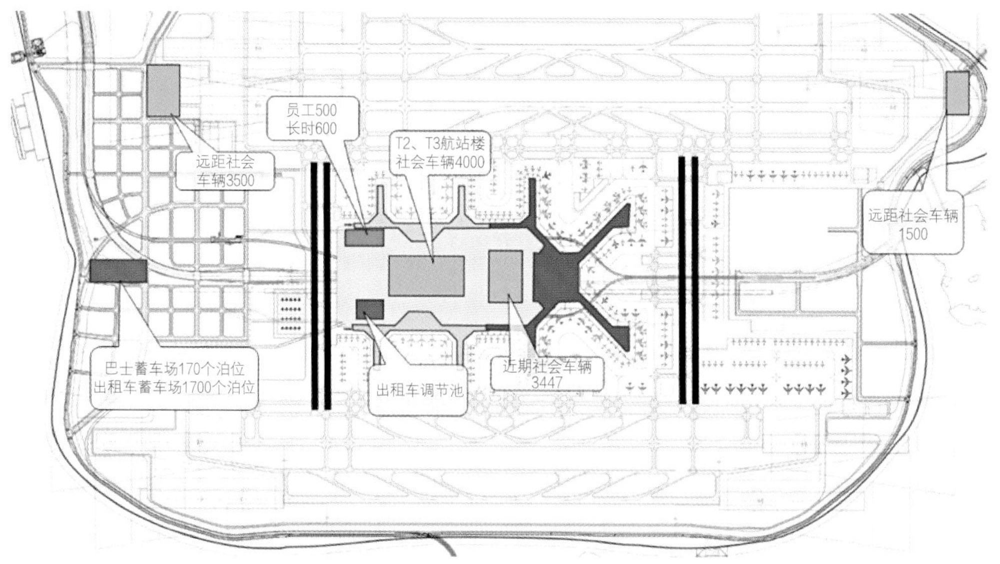

图7-4　厦门翔安国际机场远期停车规划分布示意图

2. 西安咸阳国际机场西航站区停车规划

西安咸阳国际机场西航站区停车规划（图7-5）遵循了运营车辆场站分离、核心区域社会车辆停车功能最大化原则，是非常典型的枢纽机场停车规划布局。

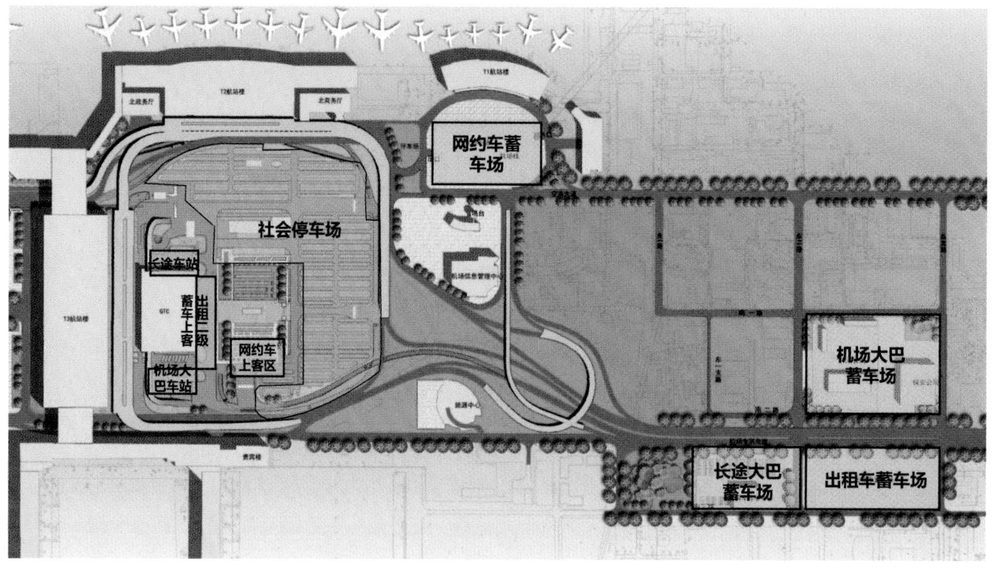

图7-5　西安咸阳国际机场西航站区停车规划布局示意图

在机场核心区围绕GTC设置了长途客运站、机场大巴车站、出租车二级蓄车点及出租车上客点、网约车上客点等功能区域，满足相关运营车辆运营需求；在核心区外围设置长途大巴蓄车场、出租车蓄车场、机场大巴蓄车场、网约车蓄车场等相关蓄车场地，满足运营车辆场站分离。在GTC屋顶、地下一层、地下二层设置社会车辆停车场，T2、T3航站楼围合地面区域设置地面停车场，最大限度满足社会车辆停车需求。

3. 西安咸阳国际机场东航站区远端停车规划

西安咸阳国际机场东航站区远端停车场位于东航站区T5航站楼东南角，新建南2跑道东侧尽端，距离T5航站楼约2km；场地整体呈三角形，由西侧天翼大道、南侧沣泾大道、北侧北通道（原机场专用高速公路未拆除段）、东侧机场高速公路转换立交围合。

（1）远端停车场与T5航站楼之间的流程

远端停车场对外设置两进两出共4个主要出入口，北侧出入口主要为机场运营车辆服务，满足运营车辆与航站区之间进出需求。南侧出入口主要为社会车辆服务，以满足社会车辆，以及加油站、燃气调压站、快速充电站等相关车辆进出需求为主，兼顾部分运营车辆进出。

以出租车流程为例介绍远端蓄车场与T5航站楼之间的车辆运行流程（图7-6）。一般机场完整的出租车流程包括两个部分：送客车辆送客后前往蓄车场流程及空车前往航站楼接客流程。

送客车辆送客后前往蓄车场流程：载客出租车通过进场高架桥到达T5航站楼楼前送客车道边送客，送客后空车通过离场高架桥下匝道进入规划一路地面道路，由规划一路及北通道地面道路进入远端出租车蓄车场进行蓄车排队。

空车前往航站楼接客流程：出租车在蓄车场排队后，通过北出入口进入北通道向北接入规划一路地面道路，通过规划一路接入GTC地道最终进入航站区的核心区，完成蓄车场运营车辆进场接客流程，其中规划一路为市政道路，GTC楼前地道为机场运营车辆进场专用通道。

（2）远端停车场总体设计

远端停车区（图7-7）包含机场各类车辆蓄车场（长途大巴蓄车场、出租车蓄车场、机场大巴蓄车场、网约车蓄车场）、社会车辆停车场（含社会大巴车场、长时停车场、过夜停车场）、两块机场预留用地、加油站、燃气调压站、快速充电站、10kV开闭所及光伏车棚。

远端停车场包含机动车停车位共3184个，其中社会车辆停车场分为两块区域，北

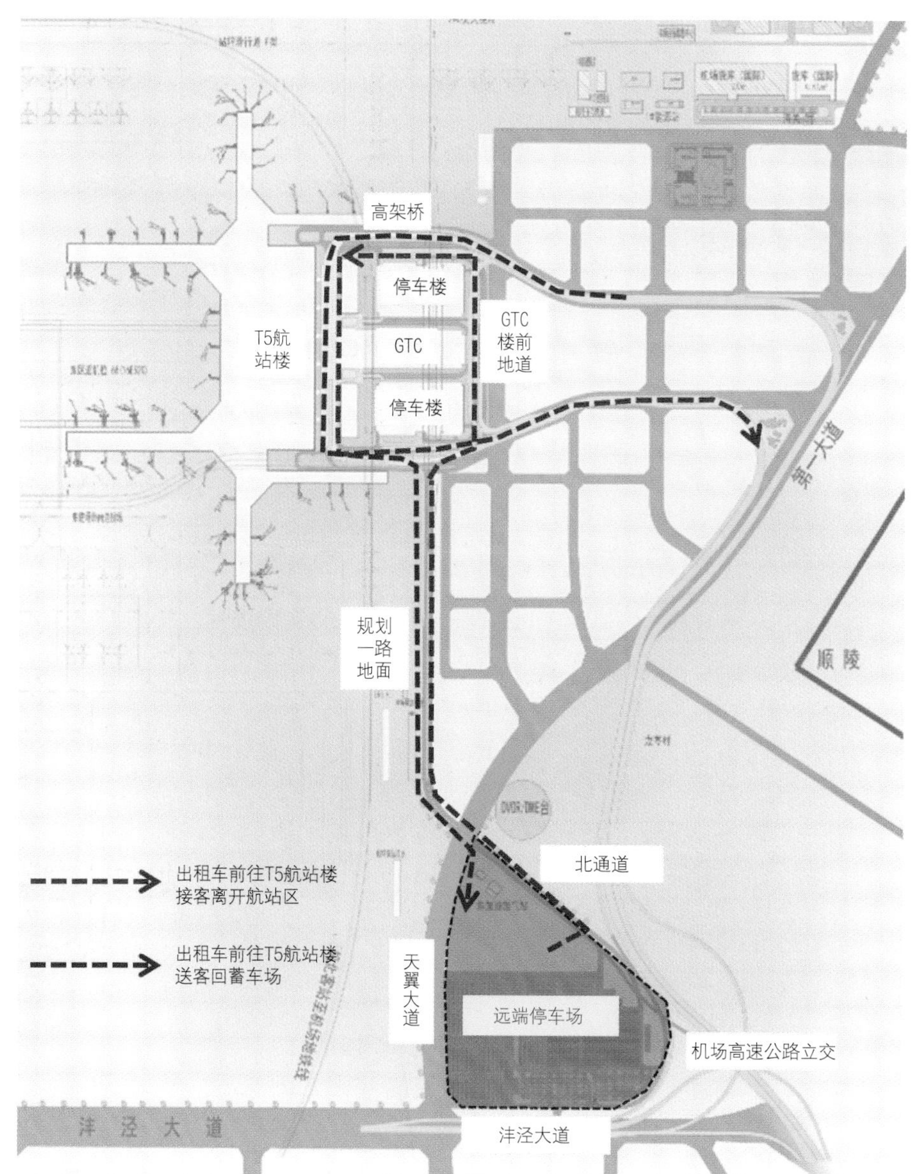

图7-6 西安咸阳国际机场T5航站楼出租车流程示意图

侧区域为网约车停车场及社会大巴停车场，包含网约车停车位372个，大车停车位63个；南侧区域为常规小车车场，兼顾机场长时停车场及过夜停车场停车位1041个，包含417个充电车位。出租车蓄车场总车位1491个，包含470个充电车位；机场大巴蓄车场停车位143个，包含43个充电车位；长途大巴蓄车场停车位49个；快速充电站快充车位20个。

其主要单体为综合业务楼、长途检测中心、公共卫生间、设备用房、10kV开闭所、快速充电站、燃气调压站、加油站。

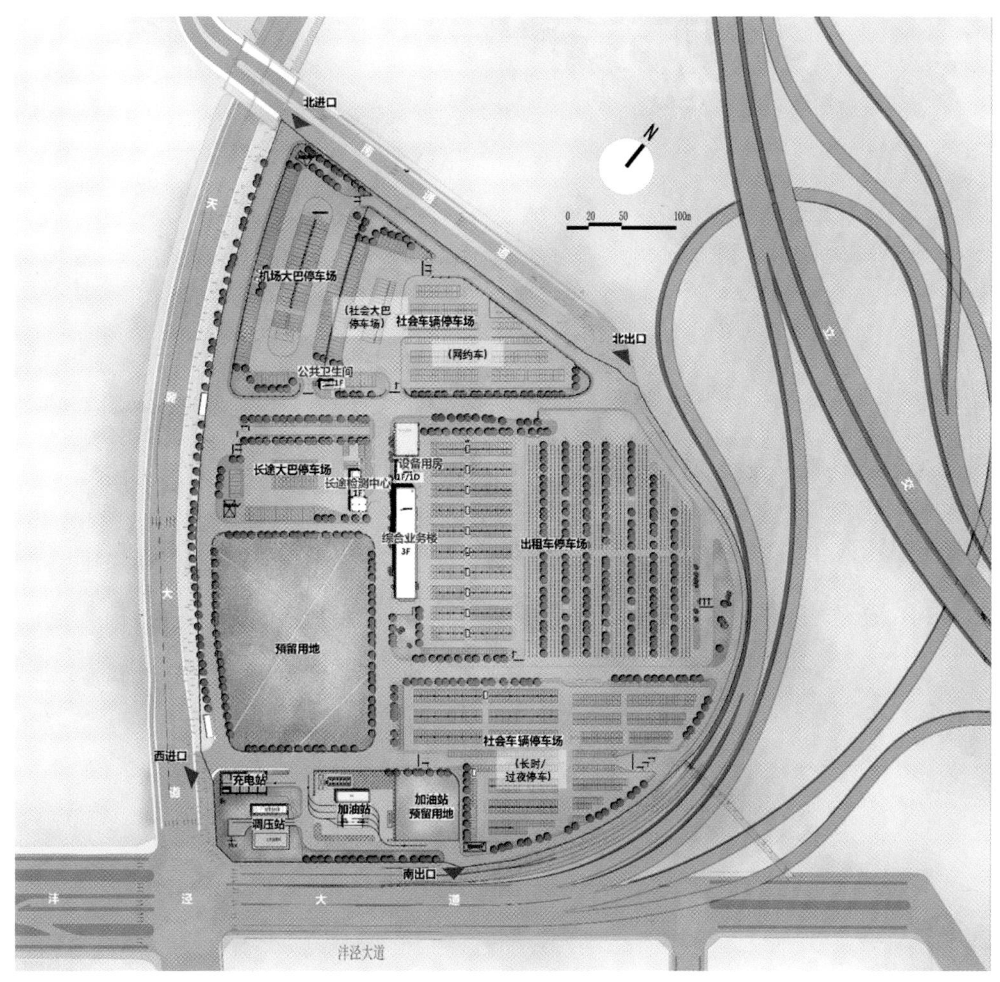

图7-7 西安咸阳国际机场东航站区远端停车场总体布局图

7.2 社会车辆停车规划

社会车辆停车是机场枢纽的基础配套功能，作为直接面向旅客的基础设施，其规划合理性对旅客使用体验有直接影响。由前面的相关案例可知，为了提高旅客出行体验，考虑减少旅客步行距离，社会车辆停车场一般均设置于机场核心区范围内。部分机场考虑极端高峰日（如节假日高峰）的停车容量需求，会设置一定数量的远端社会车辆停车场，以满足极端高峰日停车外溢的需求，同时该部分远端社会车辆停车通过价格调节，可作为长时停车场或过夜停车场，满足不同旅客的停车需求。

社会车辆停车场车位规模通过进入车场车流量及车位周转率两个指标来进行预测，计算公式如下：

$$n = \frac{Q}{Q_0} \tag{7-1}$$

式中：Q为全日进入蓄车场的车流量；Q_0为车位平均周转率（次/日）。

此外，机场枢纽往往面临节假日等极端客流情况，此时车位规模较上述预测结果进一步增加，根据上海浦东国际机场历史统计数据，一般高峰日停车需求与极端高峰日停车需求的比值为0.65～0.7，极端高峰日溢出的停车需求一般在机场外围解决，即远端停车场。

国内大型机场枢纽核心区楼前社会车辆停车设施包括地面停车场、地下车库及停车楼三种形式。其中，社会车辆停车场占地多，整体投资较小，后期运维费用较低；地上停车楼占地较少，但前期投资较大，后期有一定的运维费用；地下车库可以不单独占地，可以与核心区楼前车站、GTC等合建，前期投资及运营费用比地面停车场及地上停车楼均大。在具体的停车规划设计中，可以根据航站区的核心区用地布局规划及停车容量预测数据，不同机场可采用上述三种形式任意组合的形式开展停车设计。

在一般中小型机场规划中，核心区用地一般比较充足，考虑前期建设成本及后期维养成本，一般采用地面停车场为主。大中型机场由于核心区用地局促、土地综合价值高，一般均采用停车楼（包含地上地下一体化停车楼）来解决停车数量不足问题。下面简要介绍地面停车场及停车楼的交通设计要点。

7.2.1 大型地面停车场

结合西安咸阳国际机场西航站区的核心区地面停车场案例，机场枢纽核心区大型地面停车场交通设计需要关注以下要点。

（1）停车场出入口设置合理

大型机场一般有多个方向的进离场通道，停车场出入口应与机场总体车流进出方向相匹配，减少进离场车辆在机场流程上的绕行距离，提高进出效率，减少与机场其他流程的干扰。

（2）停车场内部标识清晰

大型停车场对于很多旅客来说，停车识别及寻车是一个大问题，在停车场设计时可考虑分区、分块设计，不同分区用不同颜色进行标识，提高旅客识别度。

（3）停车场内部流程顺畅

大型停车场内部交通组织是停车场设计面临的重要课题，在对停车场主干通道规划的基础上，结合停车场分区设计，主通道作为停车场骨架连接各分区及对外出入口，形成大循环，各分区停车场内部形成小循环，最终形成大、小循环有序的停车场内部组织，化解大型停车场内部交通混乱的问题。

（4）停车场人车流线适度分离

依据航站楼与停车场的位置关系，结合停车场主通道规划停车场内部人行主通道，在满足人行便捷的前提下，对停车场内部人车流线进行适度分离，保障人行的安全性及舒适性。

7.2.2 停车楼

在机场核心区停车楼设计中，需要综合考虑机场枢纽出行车辆及出行人员便捷使用要求，为此，国内大部分枢纽机场核心区停车楼均考虑与综合换乘中心贴合设计。上述停车场中相关的设计要点也适用于机场停车楼的设计，同时常规的停车楼交通设计要点也基本适用于核心区停车楼设计，本节在停车场规划要点的基础上，简要介绍停车楼的设计要点。

机场枢纽停车楼设计需兼顾机场出发及到达客流的进出与停车需求，其中以到达接客的车辆为主。在停车楼总体规划时，考虑机场的发展及旅客吞吐量的增长带来停车需求增长的要求，停车楼应考虑模块化的设计，大型停车楼应可以划分为多个停车模块单元，以方便运营及满足后续加建的要求。在实际运营中，部分国内外枢纽机场在核心区停车楼设计中引入预约停车管理系统，解决极端高峰时段楼前停车需求的急剧增加问题。

在停车楼的具体设计中，停车楼出入口的设计及多层车辆循环系统的构建是比较重要的两个内容。停车楼出入口的设计可参考前文大型停车场设计中须与总体进出流线匹配的要求，其中对于4层以上的停车楼可考虑设置多层进出系统，保证楼内进出效率；如机场枢纽有多座停车楼，应考虑不同停车楼之间互联互通的需求。楼内车行流线设计相对比较成熟，在此不再赘述。

在停车楼设计中除了常规旅客的进出停车需求，目前国内网约车流程基本都是借助停车楼来实现接客功能的，因此，在设计时需要兼顾网约车停车、接客、二级蓄车的功能，停车楼内应考虑设置网约车接客车道边，满足网约车使用需求，在后续网约车停车中将进行详细论述。

在以上要求的基础上，综合考虑停车楼与航站楼、GTC之间的便捷联系需求，保证旅客能够在停车楼与航站楼、GTC之间便捷来往，停车楼内考虑设置一定的人行区域，践行人文机场设计理念，充分考虑无障碍及弱势群体停车需求，尽量做到人车分离，保证行人便捷、安全。

7.3 出租车停车规划

在机场枢纽规划中，出租车流线及出租车停车具有特殊性，本节针对出租车流程及出租车停车规划展开讨论。

在西安咸阳国际机场远端停车场案例介绍时已经初步介绍了出租车的部分流程，在此进行进一步细化，一般出租车在机场的完整流程为：载客车辆进场—车道边下客—空车回出租车蓄车场等待—空车返回航站楼出租车二级蓄车场—二级蓄车场前往出租车上客点接客—接客后离场。不同机场会叠加送客后出租车空车离场及未载客出租车空车前往蓄车场等待等流程。在整个出租车流程中主要涉及两次停车等待，分别为蓄车场等待停车及二级蓄车场停车。

7.3.1 出租车二级蓄车场

考虑出租车蓄车场的规模要求较大、车辆等待时间较长等因素影响，大型机场枢纽一般将出租车蓄车场设置于机场外围（远端停车场）。根据目前枢纽机场出租车蓄车场运营规律，一般会每隔一段时间放出出租车蓄车场中车辆进入航站区，考虑外围蓄车场前往出租车上客点接客距离、时间均较长，同时无法与上客点的需求进行快速响应，因此需要在机场核心区设置出租车临时停车点，用于临时停车及排队整理，在核心区设置的出租车临时停车点一般被称为出租车二级蓄车场（点），部分机场称之为出租车调蓄场（池），均为同一功能设施。

合适的位置及车位数量是出租车二级蓄车场规划的重点。其中，位置规划要求二级蓄车场所处位置尽量与其他流线无干扰，需设置相应的管控措施，保证其他车辆无法进入二级蓄车场对正常出租车蓄车造成干扰。

二级蓄车场的车位数受多个因素限制影响，包括核心区场地情况、高峰小时出租车发送量、蓄车场出租车发车间隔、出租车蓄车场至二级蓄车场时间等。通过对比国内大型机场枢纽出租车二级蓄车场的规划设计情况，一般在核心区场地受限的情况下，出租车二级蓄车场的车位数宜不小于15分钟出租车高峰小时发车量，如果场地实在受限，应考虑缩短蓄车场发车频率、优化调度，以满足高峰时段出租车需求。

7.3.2 出租车远端蓄车场

国内大型机场枢纽基本均设置出租车远端蓄车场，除了考虑核心区用地紧张无法提供足够场地供出租车蓄车问题外，还涉及车辆管理及排队公平等问题。远端蓄车场的设计相对简单，参照大型地面停车场设计要点即可，其中需要关注的是以下几点。

（1）出租车蓄车场与航站区之间的流线规划

考虑蓄车场按编队每次发送20～40辆车前往航站区，出租车蓄车场前往二级蓄车场应进行合理的流线规划，保证该流线处于可管控状态，尽量减少出租车车队对社会车辆的影响。

（2）充分考虑蓄车场运营管理及发车便捷需要

蓄车场按队列发送出租车车队进场，在蓄车场设计中应充分考虑空车入场排队及按顺序出发前往航站区的管理需求，不能完全参照社会车辆停车场中片区随意停车的形式，蓄车场设计应考虑管理中有序排队的需求。

以武汉天河国际机场为例。2019年7月8日23:30，在距离第七届世界军人运动会开幕前100天之际，武汉天河国际机场新建的出租车蓄车场（图7-8）凌晨顺利转场

图7-8 武汉天河国际机场新建出租车蓄车场

并正式投入试运行。从此，武汉天河国际机场告别了出租车从停车场排到航站楼的约2km“长蛇阵”的历史。出租车蓄车场规划建设20条候车通道，每条通道可以停放17辆出租车，总共可以容纳340辆出租车在此排队。该通道还设置了U形隔离立桩800余个、智能道闸40余台、管控岗亭3座。

（3）蓄车场进出流线应合理组织

参照以上两条，蓄车场进出口应适当分离，不宜合并设置，保证车辆有序进出的基本要求。

虹桥枢纽出租车蓄车场（图7-9）布置在航站楼南面的道路立交之下，蓄车场采用分车道熄火停车、分时逐条车道放行的方式蓄车，被称为“梳形蓄车”。这种蓄车方式与“串联循环式”蓄车方式相比更节能环保，使出租车驾驶人有一定时间休息，也有利于行车安全。另外，当蓄车量较大时，还应在蓄车场内设置适当规模的快餐设施、休息娱乐设施、卫生设施等。

图7-9　上海虹桥枢纽出租车蓄车场平面布置图

总的来说，出租车二级蓄车场及远端蓄车场作为机场枢纽中比较常见又相对特殊的停车模式，对保障机场的有序运行至关重要，在机场枢纽综合交通规划设计中应予以重点考虑。

7.4 长途大巴停车规划

相对于上述社会车辆停车及出租车停车两种停车模式，机场综合交通规划中长途大巴的停车规划相对来说比较简单。国内长途客运站的规划设计及相关设计规范已经非常完善，本节主要介绍与机场枢纽相关的规划要点。

相比于传统长途客运站中“场站合一”的规划模式，大型机场枢纽由于核心区用地受限，部分机场枢纽长途大巴交通规划采用“场站分离”模式，即机场核心区保留长途客运站中旅客候车及长途大巴上下客功能，长途大巴下客后前往长途大巴停车场进行停车，在停车场蓄车等待后前往核心区客运站接客离场。

长途大巴场站分离的规划模式一方面可适应机场枢纽核心区用地受限的情况，另一方面将长途大巴长时间蓄车可能产生的不利影响转移至机场核心区外围，很好地适应了大型机场枢纽的总体规划。在前述西安咸阳国际机场、厦门翔安国际机场等枢纽机场中均采用了该种模式。

在场站分离的规划模式下，长途大巴停车于核心区外围，与前述出租车远端蓄车相关重点类似，需重点关注长途大巴蓄车场与长途客运站之间的来往流线规划，减少流线与社会车辆流线的干扰。

在长途客运场站实际设计中，根据机场核心区总体布局及客运站规划，长途客运站应进行平行式、垂直式、斜列式（图7-10）等多停车模式的比选，确定合适的上下客及发车模式。长途大巴蓄车场的规划应充分考虑车辆管理、车辆检修、驾驶人休息等相关具体需求，按照实际运营需求开展相关规划设计。

随着近年来高速铁路、城际铁路的全面建设及空铁联运的规划，长途大巴在旅客出行比例中的占比逐年减小，目前国内很多长途客运站无以为继。因此，在机场枢纽规划中应该充分调研评估，对长途大巴场站的规划应该有可以灵活转换的空间，以适应后续不同出行比例的变化调整。

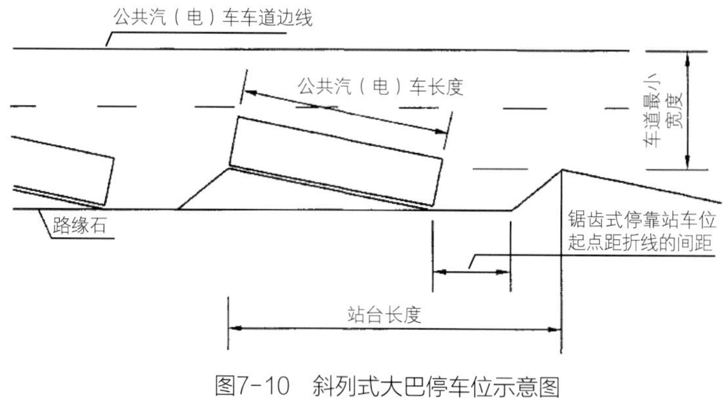

图7-10　斜列式大巴停车位示意图

7.5　网约车停车规划

网约车作为近年来兴起的新兴出行方式，已经在社会交通出行中占据一定的比例，成为旅客出行选择中不可或缺的部分。由于缺乏明确的管理制度，国内大多数城市均面临着网约车管理难题，不同城市对网约车管理态度及措施也是千差万别。

在早期国内大型机场枢纽规划中，均未考虑如何对网约车进行管理，进入网约车出行时代，不同机场也进行了积极探索。本节就目前国内部分枢纽机场网约车管理及停车规划做归纳总结。

7.5.1　网约车管理模式

目前国内枢纽机场网约车主要有两种管理模式，即参照社会车辆管理模式及参照出租车管理模式，部分机场采用上述两种模式融合的形式。

参照社会车辆管理模式是指机场旅客发出网约车订单后，网约车从场外接单或在机场停车场内接单后，在停车场（车库）指定位置接客的模式。在该种模式下，机场对网约车管理非常有限，网约车接单、进场、接客、离场基本与社会车辆运行模式一致，机场对网约车除常规停车费外不再收取其他管理费用，如上海虹桥国际机场网约车管理。

参照出租车管理模式是指机场旅客发出网约车订单后，只有机场指定管理区域内的网约车能够接收到该订单，网约车接收到该订单后，从机场管理区域出发前往网约车车道边或停车场（车库）指定位置进行接客的模式，该种模式非常类似于机场对出租车的管理模式。在该种模式下，机场对网约车管理非常严格，机场需与网约车平台接派单系统进行对接，以保证旅客订单只能够被指定区域网约车接收，同时机场需划定指定的停车场用于网约车蓄车接单等待，并配置相应的停车管理系统，保证接单网约车从指定区域出发后能够进入特定接客区域接客；在该种模式下，机场参照出租车管理模式对网约车收取一定的管理费用，如西安咸阳国际机场T3网约车管理模式。

在早期网约车出行比例较低时，国内大型机场对网约车管理基本采用参照社会车辆管理模式，随着网约车出行比例的增加，大量无序的网约车给机场的停车管理带来了极大干扰，影响机场的有序运行，越来越多的机场对网约车开始参照出租车管理模式进行管理，同时考虑设置网约车的专用停车场地。

7.5.2 停车规划要点

在上述两种网约车管理模式中，都涉及网约车前往指定区域接客的流程，在目前机场枢纽规划中，基本通过在停车场（车库）内设置网约车接客车道边满足网约车接客需求。在部分规划中，提出参照出租车上客区，设置网约车专用的到达车道边（车库以外）用于网约车接客。

网约车停车规划主要包括车道边规划及蓄车场规划，其中网约车车道边大部分设置于停车场或车库内，利用停车场内某个特定区域开展进场、接客、离场的服务活动；网约车蓄车场规划可参照出租车远端蓄车场规划开展，本节在此不再赘述。

网约车作为越来越多机场旅客出行的选择，必须予以重视，本节主要结合目前国内部分机场管理经验作相应介绍，随着网约车技术的更新及无人驾驶网约车等新技术的出现和应用，会对机场规划提出更多应用需求，在做机场相关规划时应予以充分论证、超前考虑。

7.6 机场大巴、陆侧摆渡车及公交车停车规划

前文提到，枢纽机场中长途大巴、机场大巴、陆侧摆渡车及公交车的服务对象及服务距离不同，其中长途大巴一般服务枢纽机场所在城市与周边城市之间的长距离旅客，通常跨市或跨省运营；机场大巴服务枢纽机场至所在城市的各站点之间的中距离旅

客，一般在市内运营（少部分跨市运营）；陆侧捷运摆渡车一般在机场各功能区之间运行，只在机场内运营；公交车一般服务机场与机场周边近距离的开发片区之间的短距离旅客，一般为短途运营。

机场大巴、陆侧摆渡车及公交车停车规划相对简单。不同于公交车由地方公交公司运营，机场大巴及机场陆侧摆渡车是机场自己运营的两种车辆类型。以上三种车辆的停车规划基本可参照前文中长途大巴相关规划，本节作简要介绍。

1．机场大巴与公交车

根据不同车种服务的特性，机场大巴与公交车在机场中的规划受机场与城市之间距离影响较大，同时也需要充分考虑机场周边片区开发强度。

部分远离市区的机场，如果机场周边开发强度也较低，公交的规划规模将非常小，机场与市区的联系基本由不同线路的机场大巴完成。例如，西安咸阳国际机场由于距离西安市及咸阳市均较远，同时机场周边开发强度仍不高，所以机场与市区的联系基本选择机场大巴来完成，机场大巴的线路规模都比较大，而公交车的规模较小，只有极少线路满足机场与机场周边开发区直接联系，机场只设置部分公交站点，不设置公交场站及公交首末站。

另外，部分与市区距离较近的机场，机场公交规划类似于高铁车站公交规划，需设置公交场站或公交首末站，满足多条公交线路运营的要求，在该种情况下机场大巴的运营线路会有一定减少，部分机场大巴也是采用公交化运营模式，类似于定制公交线路。例如，上海虹桥国际机场由于距离市区较近，且机场周边片区开发已经比较成熟，所以机场公交规模较大，包含了公交快线及常规公交等多条线路，其中公交快线用来满足机场与上海市各区域的快速联系需求，常规公交满足机场与周边区域的便捷联系需求；机场大巴规模相对较小，目前的线路主要有三类，即虹桥机场至市区（人民广场）之间、虹桥机场至浦东机场及上海较远的区县（金山等）之间、虹桥机场至上海周边城市之间（苏州、无锡、嘉兴），跨市运营的机场大巴与长途客车类似。

由前文相关论述可知，公交车和机场大巴在部分机场中运营模式非常类似，部分运营线路及站点也可以互补，主要的不同点在于运营主体，公交车由地方公交公司运营，机场大巴一般由机场运营。

对于二者的停车规划，在机场大巴场站规划中，考虑核心区用地限制，参考长途大巴，国内枢纽机场大部分采用场站分离模式，机场核心区布置机场大巴上下客及旅客候车区，机场大巴停车区布置于外围。机场的公交场站（或公交首末站）规划与常规市区公交场站规划比较类似，本书给出一个典型的公交首末站设计案例（图7–11），其他内容不再赘述。

2. 典型公交首末站设计

参考上海公交车蓄车场相关规模计算要求，给出公交车蓄车场规模的计算公式如下：

$$S=(\sum S_a \cdot N_i+S_1+S_2)K \tag{7–2}$$

式中：S_a为一辆公交标准车停蓄面积（m^2），取值为100～140m^2；N_i为第i条公交线路所需停蓄的车辆数（辆），i=1，2，…；S_1为公交车蓄车场调度管理用房占地面积（m^2）；S_2为绿化及小型保养设施占地面积（m^2），蓄车场周围宜安排绿化用地（包括死角及发展预留用地），其面积宜不小于蓄车场总用地面积的15%，另外在蓄车场内可以根据实际需要设置小型车辆保养设施；K为面积修正系数，蓄车场内高峰期停蓄车辆少于10辆、所划用地属于不够方正或者地貌高低错落等利用率不高的情况之一时，宜乘以1.5以上的用地系数。

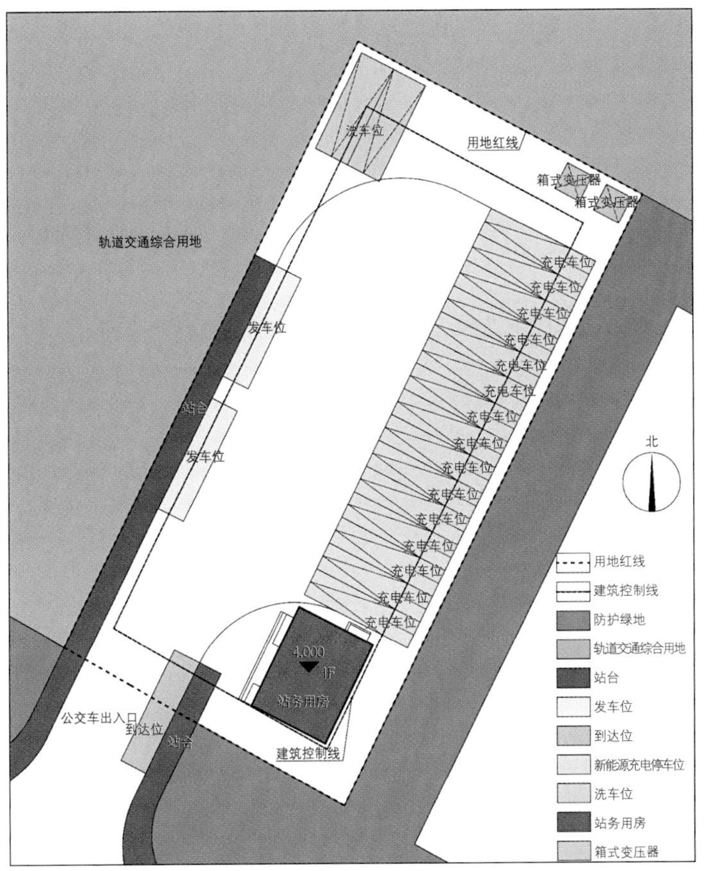

图7–11 典型公交首末站平面布置图

3．陆侧摆渡车

陆侧摆渡车作为不同航站楼之间、不同航站区之间或航站楼与机场各功能区之间来回穿梭运行的车辆，不仅面向旅客，同时服务机场工作人员。陆侧摆渡车一般采用定时发车、站点随上随下运营模式，与公交车运营模式非常类似，不过国内大部分机场陆侧摆渡车均是免费乘坐。在机场规划时一般以陆侧摆渡车站点规划为主，对于陆侧摆渡车停车基本参照公交车停车模式，在摆渡车起始站点或核心区外围设置摆渡车停车场，用于开展摆渡车管理及保养工作。

7.7 本章小结

枢纽机场停车总体规划特点总结如下。

1）靠近航站楼的核心区应设置充足的社会车辆停车位以满足社会车辆停车需求；考虑极端高峰（节假日高峰）客流停车需求，应在核心区外侧设置一定数量远端社会车辆停车场，作为核心区社会车辆停车场的补充，同时可考虑作为机场过夜停车场或长时停车场使用。

2）运营车辆建议采用场站分离模式，围绕GTC设置相关运营车辆接送客站点，核心区内以设置车站为主，蓄车场设置于核心区外围；考虑各种巴士停车场之间的功能转换，以充分适应未来不同出行方式比例调整带来停车数量调整的影响。

3）充分考虑网约车作为新型出行方式对机场停车规划需求的影响，网约车蓄车场应充分考虑，并考虑与出租车蓄车场之间的转换功能。

本章结合部分枢纽机场停车规划设计案例，简要介绍了枢纽机场停车规划相关设计要点，除了以上相关种类车辆停车规划外，机场枢纽还包括贵宾区停车规划、员工车辆停车规划、非机动车停车规划等停车规划，在此不再赘述。

8

场外交通规划

国内机场在选址规划时一般会选择位于远离城市的郊区，机场与城市之间通过高（快）速路进行连接，满足城市与机场快速通行的需求。从常规划分上来说，机场陆侧交通特指机场核心区范围内交通，核心区范围以外交通均属于场外交通。

8.1 场外交通规划策略

场外交通规划包括场外轨道交通规划及场外道路交通规划，机场枢纽场外道路交通规划需重点考虑外围高（快）速路交通及临空经济区交通规划两部分内容。

8.1.1 机场与城市之间的距离关系

前面说到国内机场一般均规划于城市远郊区域，距离城市中心城区较远。笔者收集了部分国内大型机场与城市之间的距离关系，如表8-1所示。从表中数据可以看出，部分机场枢纽与城市之间的距离超过50km，国内多数机场枢纽与城市的距离超过30km，如何在如此距离的情况下实现机场客流的快速集散是大型民航枢纽规划必须面对的问题。

国内部分大型机场与城市之间的距离关系　表8-1

序号	城市	机场名称	市中心	距离（km）
1	兰州	中川国际机场	东方红广场	70
2	成都	天府国际机场	天府广场	64
3	拉萨	贡嘎国际机场	布达拉宫	59
4	青岛	胶东国际机场	台东步行街	52
5	北京	大兴国际机场	天安门广场	50
6	福州	长乐国际机场	南门兜	49
7	上海	浦东国际机场	人民广场	46
8	南京	禄口国际机场	新街口	42
9	合肥	新桥国际机场	市府广场	39
10	哈尔滨	太平国际机场	中央大街	39

8.1.2 机场对外交通规划问题梳理

在前文所述机场与城市距离关系的背景下，航空旅客出行面临两大问题，即综合出行时间长、综合出行成本大，极大地影响了航空出行占比。

1. 综合出行时间

航空旅客的综合出行时间主要包括市内到达机场时间、值机时间、空中飞行时间、行李提取时间、返回市内时间等。其中，值机时间、空中飞行时间及行李提取时间由机场及航空公司管控，时间相对固定且与陆侧综合交通设施关系不大；市内到达机场时间与返回市内时间在此统称为市内出行时间，与综合交通规划息息相关，不同的出行方式对市内出行时间影响非常大。

相当多的机场市内出行时间加值机时间已经超过了空中飞行时间，动辄2～3个小时的市内出行时间对航空的普及率有极大影响；同时，近年来国内高速铁路网络的快速建设，使得1000km以内的中短旅途在出行时间上，飞机与高速铁路相比已经没有综合时间优势，高速铁路对航空客流的分流作用明显。

2. 综合出行成本

航空旅客的综合出行成本主要包括市区前往机场交通费用、机票费用、燃油附加费、机场建设费、保险费、机场返回市区交通费用等。类似于前文提到的综合出行时间，机票费用、燃油附加费、机场建设费、保险费由主管部门、机场及航空公司进行管控，费用相对稳定。市区前往机场交通费用及机场返回市区交通费用统称为市内出行成本，不同的出行方式对市内出行成本影响也非常大。

一般情况下市内出行成本在综合出行成本中占比不高，但是要看到市内出行成本和市内出行时间是相互影响的，如果希望缩短市内出行时间，势必会增加市内出行成本，从而增加总的出行成本，进而影响航空客流的渗透率。

8.1.3 机场对外交通规划策略

根据上述问题分析可知，减少航空旅客市内出行时间、降低航空旅客市内出行成本是机场与城市之间综合交通规划需要解决的主要问题。在机场综合交通规划中，减少航空旅客市内出行时间的策略与手段也是随着机场的规模发展逐渐变化的。

1. 高（快）速路阶段

早期，伴随私人交通及公路建设的快速发展，一般通过建设机场与城市之间的高

（快）速路来解决旅客从城市快速到达机场的需求，国内枢纽机场基本均配建了一条甚至多条到达主要服务城市的机场高（快）速路。

高（快）速路的规划缩短了航空旅客市内出行时间，保障了航空旅客从城市快速到达机场的需求，基本满足了减少旅客市内出行时间的要求，但是也要看到高（快）速路出行存在交通工具运量小、私人出行成本高、车辆混行保障低等相关问题，且随着出行旅客的快速增加，拥堵加剧。

2. 轨道交通阶段

随着机场航空吞吐量进一步发展，依托高（快）速路系统以私人交通或小运量的机场巴士、长途巴士等交通方式已经无法满足旅客的快速集散要求，国内多数机场开始通过规划轨道交通来分担旅客的出行需求。

轨道接入机场后对机场与城市之间旅客来往有巨大提升作用，有效降低了市内出行成本，提高了市内出行的便捷度，进一步扩大了市内出行覆盖范围。机场与城市之间轨道交通规划是大型航空枢纽对外综合交通规划的重点，轨道交通作为一种大运量、绿色的出行方式，对提高机场公共交通出行分担比例、践行公共交通优先理念有着极其重要的作用。

8.2 场外轨道交通规划

在前面部分章节中，已经穿插介绍了很多机场轨道交通规划设计的内容，包括第3章中各类机场轨道的接入形式及空铁一体化的布局要点、第4章中对多航站楼之间轨道交通规划的分析、第5章中对GTC内部轨道交通站点规划等相关内容。

机场对外的轨道交通规划属于城市总体轨道交通网规划的一部分，不是独立存在的，城市轨道交通网规划涉及的内容非常系统且复杂，影响因素众多。为突出重点，本节在前文相关规划讨论的基础上，着重讨论机场与城市之间轨道交通规划相关要点。

8.2.1 轨道分担率

前文提到，轨道交通作为中大运量、绿色的出行方式，可以兼顾舒适性及高效率的要求，对构建机场枢纽高效的公共交通具有先天优势。机场与城市之间的轨道交通规划主要为了满足机场旅客快速、便捷集散的要求，通过轨道交通建设来提高机场公共交通出行比率是主要目的。

在航空枢纽轨道交通规划中，最主要的规划指标是轨道分担率，轨道分担率指由通过轨道交通出行的航空旅客数量占总出行旅客数量的比值，用于表示轨道交通在陆侧集疏运体系中的重要程度。

如何提高轨道分担率是机场轨道交通规划必须面临的问题。对于枢纽机场来说，轨道分担率是随着机场发展及轨道交通建设动态变化的，其中现状轨道分担率及规划远期轨道分担率两个指标对机场发展有比较重要的意义。笔者收集了部分国内枢纽机场现状轨道分担率的相关数据，如表8–2所示。

国内部分枢纽机场现状轨道分担率情况　　表8–2

机场名称	轨道交通线路	现状轨道分担率（%）
上海虹桥国际机场	2号线、10号线、17号线	35
上海浦东国际机场	2号线、磁悬浮线	20
北京大兴国际机场	地铁大兴机场线	32
北京首都国际机场	机场快线	14
深圳宝安国际机场	1号线、11号线、12号线、20号线	34
昆明长水国际机场	6号线	12

注：表中相关数据均通过网络收集，北京大兴国际机场为2023年数据，其他机场均为2019年数据。

不考虑机场与城市之间的距离关系，轨道分担率主要与轨道接入数量、轨道接入能级（城际、轨道交通快线等）相关因素有关，从表8–2中可以初步看出，机场与城市之间轨道交通线路越多，轨道分担率一般越高，另外就是轨道交通快线对提高轨道分担率的作用比常规地铁大。

8.2.2 不同轨道接入对比

1. 常规轨道接入阶段

广义的轨道交通包括常规地铁、城际铁路、高速铁路等各种类型的轨道交通。机场轨道接入也是逐渐发展的过程，早期枢纽机场综合交通规划中以常规地铁接入为主。

通过常规地铁满足机场与城市之间的联系需求，但是因为一般机场距离城市较远，常规地铁从城市至机场的运行时间仍较长，对于时效性要求较高的民航旅客来说，常规地铁只能作为出行的一种补充，还不能引起出行结构的巨变。

一般机场接入第一条常规轨道交通线路后，轨道分担率一般还会比较低，随着客流的培育及发展，轨道交通出行占比越来越高，考虑不同机场出行比例结构的影响因素众多，一般单条常规轨道分担率会稳定在10%～25%。

常规地铁解决了机场轨道交通从0到1的问题，但是对轨道分担率的提升作用有限，随着轨道接入数量的增加及其他形式轨道交通的接入，轨道交通出行占比在枢纽机场中越来越高。

2．轨道交通快线接入阶段

轨道分担率主要与轨道接入数量及轨道接入能级有关，轨道接入数量对提高轨道分担率有影响很好理解；关于轨道接入能级对轨道分担率的影响，先以部分国外枢纽机场轨道交通规划建设情况作简要论述。笔者收集了部分国外枢纽机场轨道交通出行数据，如表8-3所示。

部分国际机场轨道分担率及出行时间对比　　表8-3

国家城市/机场名称	轨道分担率（%）	小汽车至市中心时间（分钟）	轨道交通至市中心时间（分钟）	时间对比（倍）	机场与市中心距离（km）
挪威奥斯陆国际机场	43	50	19	2.6	48
日本成田国际机场	36	90	55	1.6	68
瑞士苏黎世国际机场	34	20	10	2.0	13
德国慕尼黑国际机场	31	40	35	1.1	29
德国法兰克福机场	27	20	12	1.7	10
荷兰阿姆斯特丹史基浦机场	25	30	17	1.8	14
英国希思罗机场	30	45	15	3.0	24
法国戴高乐机场	20	45	35	1.3	24

注：表中相关数据为网络收集。

从表8-3中收集数据可以看出，国外成熟的枢纽机场轨道交通出行比例均较高，一般均超过25%。大部分机场设置了各种类型的轨道交通快线，如挪威奥斯陆国际机场设有Flytoget高速铁路，日本成田国际机场设有成田Sky Access线、京成本线、JR线，德国法兰克福机场设有高速铁路，荷兰阿姆斯特丹史基浦机场可换乘大力士高速列车、ICE高铁列车等；英国希思罗机场设有希思罗快速铁路、希思罗机场列车；法国戴高乐机场换乘TGV高速列车、巴黎郊区快线B线等。

从国内外部分枢纽机场相关案例来看，轨道交通快线使得机场轨道交通出行时间相比私人交通出行时间已经有明显优势，由于轨道交通出行时间短、出行成本低，更多人选择轨道交通出行方式，进一步提高了轨道交通出行分担率，形成了正向循环反馈。同时，由于轨道交通快线高时效性、高可靠性特点，规划轨道交通快线后出行模式可以更加多元化，如采用城市航站楼—轨道交通快线—机场的模式，能大幅度提升相应城市航站楼的服务效率，进一步提高轨道分担率。

轨道交通快线的接入使得轨道分担率有了明显提升，对于常规枢纽机场来说，一条常规轨道交通线路+一条轨道交通快线基本能够满足机场的集散要求，一般一条常规轨道交通线路+一条轨道交通快线可以使得轨道分担率稳定在30% ~ 60%这样一个理想的数值区间。

8.2.3 机场轨道接入要点总结

笔者收集了部分国内枢纽机场轨道交通规划建设情况信息，如表8-4所示。结合前文相关论述，对枢纽机场轨道接入要点作简要总结。

1）轨道交通作为中大运量、绿色的出行方式，可以兼顾舒适性及高效率的要求，对构建枢纽机场高效的公共交通具有先天优势。

2）枢纽机场在规划阶段出行结构分配上，轨道分担率应至少控制在20%，有条件的情况下应考虑40%以上的轨道分担率。

3）轨道交通快线具有高时效性、高可靠性特点，可以满足便捷、舒适的出行要求，对提高枢纽机场轨道分担率作用明显，在规划阶段应充分重视、充分论证。

4）枢纽机场轨道交通应统一规划、提前预留、逐步建设，为后续发展预留优化、调整空间；各种类型的轨道交通应做到统筹协调，保障轨道交通建设与机场枢纽的发展同步协调。

国内部分枢纽机场轨道交通规划建设情况

表8-4

机场名称	年旅客量（万人次）			城市轨道交通		城际/高速铁路		轨道分担率		
	运行峰值	规划近期	规划远期	运行	在建/规划	运行	在建/规划	现状	近期	远期
北京首都国际机场	10098	11500	13000	机场快线（发车间隔4～10分钟）	新建R4线一期，规划R4地铁快线	—	城际机场联络线	2017年13%	40%	
北京大兴国际机场	3941	7200	10000	地铁大兴机场线（运行间隔8.5～10分钟）	S4/R6线、预留通道	—	京霸客运专线/廊涿城际线	—	出港39%，进港36%	出港39%，进港36%
上海浦东国际机场	7615	13000	13000	2号线（4～8分钟/班），磁悬浮线（15～20分钟/班）	机场新增快线、21号线	—	两场联络线	2018年20%	远期35%	
上海虹桥国际机场	4568	5500	5500	2号线（4～8分钟/班） 10号（4.5～6分钟） 17号（3.5～7分钟）	—	京沪高铁、沪宁高铁、沪昆高铁	嘉闵线、两场联络线、示范区线	2019年36%	远期45%	
广州白云国际机场	7338	14000	14000	3号线（6分钟/班）	18号线、22号线	穗莞深	广佛环城际、广中珠澳高速铁路、广从高速铁路、广湛高速铁路、广深第二高速铁路、广清永高速铁路、贵广高速铁路、广宁联络线	35%	出港43%，进港35%	

续表

机场名称	年旅客量（万人次）			城市轨道交通		城际/高速铁路		轨道分担率		
	运行峰值	规划近期	规划远期	运行	在建/规划	运行	在建/规划	现状	近期	远期
深圳宝安国际机场	5293	9100	9100	1号线（2～6分钟/班），11号线（5～8分钟/班），12号线（2～8分钟/班），20号线（3～8分钟/班）	26号线、33号线	穗莞深	深茂高速铁路、深肇铁路、深港西部快线	2019年34%	35%	35%
成都天府国际机场	4472	4000	9000	18号线（8.5～10分钟/班），19号线（8.5～10分钟/班），	S13号线	成自宜高速铁路、成资遂客运专线	—		20%	25%
昆明长水国际机场	4808	12000	12000	6号线（4～8分钟/班）	9号线、嵩明线	—	渝昆高速铁路、沪昆高速铁路	2017年10%	20%	—
重庆江北国际机场	4478	8000	8000	3号线—西航站区（3～6分钟/班）；10号线—东西航站区（高峰2～3分钟/班，平峰5～6分钟/班）	15号线、26号线	普线：机场支线	渝宜高速铁路	—	25%	
杭州萧山国际机场	4117	9000	9000	1号线（4～8分钟/班），7号线（5.5～6.5分钟/班），19号线（6～7.5分钟/班）	机场轨道交通快线（杭州西站—萧山机场）	—	杭绍台铁路，引入9条铁路机场联络线（杭州南—机场）	—	40%	

注：表中部分数据为网络收集，其中成都天府国际机场25%、昆明长水国际机场20%、重庆江北国际机场25%的轨道分担率分别取自对应机场2015年、2019年、2019年规划修编中相关规划数据。

8.3 外围高（快）速路交通规划

高（快）速路系统是枢纽机场的场外交通规划的另一个重点，外围高（快）速路交通指城市与机场之间的高（快）速路系统，外围高（快）速路规划属于城市公路网（或道路网）规划范畴。枢纽机场外围高（快）速路规划是一个系统的工程，在规划中主要考虑机场与城市的关系层级、机场的发展阶段及发展水平两方面因素。

8.3.1 机场与城市关系层级

我国大多数枢纽机场位于省会城市及计划单列市等区域核心城市。枢纽机场除了考虑服务所在城市外，同时很大一部分客流来自于周边城市及地区。根据机场与相关城市之间的服务水平及服务能级，将机场与城市的关系分为三个层级。第一层级为机场与其主要服务城市（所在城市）的关系，第二层级为机场与其次要服务城市的关系，第三层级为机场与其辐射城市的关系。

不同层级关系对高（快）速路网的规划需求不一样，规划的侧重点也不相同。其中，第一层级关系是枢纽机场高（快）速路网规划中最重要、最优先考虑的因素，其对应城市也是高（快）速路优先保障及服务的城市，可根据机场发展需求考虑设置机场专用高（快）速路。第二层级关系在枢纽机场高（快）速路网规划中需有一定的考虑，新建枢纽机场应考虑与次要服务城市联系主通道的规划设计，既有枢纽机场主要考虑通过既有国家高速公路网设置部分连接支线来实现相关联系。第三层级关系中，由于机场与其辐射城市距离较远，此时通过高速公路的车行交通时效性明显降低，辐射城市的私人交通利用高速公路前往枢纽机场出行比例明显减小，应主要对出行中的长途交通线路进行保障，规划中应考虑通过既有或规划国家高速公路网络来实现枢纽机场与辐射城市之间的联系，同时应根据地区发展水平不同在规划中综合考虑机场城际、空铁联运的条件预留。

下面将通过国内几个重要机场枢纽的高（快）速路网规划，来感受和理解不同层级关系对枢纽机场高（快）速路规划的影响。

1. 西安咸阳国际机场

西安咸阳国际机场位于咸阳市渭城区北部底张镇与北杜镇境内，与西安市区直线距离约26km，西安市中心与机场的公路距离约为36km；与咸阳市直线距离约13km，公路距离约为19km，与渭南市距离约为100km（图8-1）。

图8-1 西安咸阳国际机场与周边城市位置示意图

在城市层级关系中，西安市为机场主要服务城市，属于第一层级关系；咸阳市为机场次要服务城市，属于第二层级关系；机场周边渭南市、铜川市、宝鸡市、商洛市等陕西省内地级市为机场辐射城市，属于第三层级关系。

在机场周边高速公路网规划时，考虑西安市作为机场第一层级城市定位，西安与机场之间有机场专用高速公路、福银高速公路两条高速公路连接，分别从东、西方向接入机场，满足机场与西安城区快速连接的需求。机场与大西安“七横七纵”快速路网也有较好联系，可实现市区与机场的高效衔接。

咸阳市虽然是离机场最近的城市，但是考虑机场主要客流及服务对象均来自西安，因此咸阳市作为机场第二层级城市，在高（快）速路网规划中未规划专用高速公路或快速路与机场连接，城区客流主要通过北塬大道、迎宾大道、沣泾大道等城市道路与机场联系，部分区域可通过福银高速公路进入机场。在机场巴士路线设计中，充分考虑了机场与咸阳市部分重要城市节点的线路设置。

陕西其他相关地级市作为机场辐射城市，属于机场第三层级服务城市。在高（快）速路规划中，主要通过连霍高速公路、京昆高速公路、包茂高速公路、福银高速公路和泸陕高速公路等国家高速公路连接西咸北环线或绕城高速公路最终接入机场（图8-2）。机场与第三层级服务城市主要考虑设置长途巴士线路满足相关旅客出行需求，部分城市

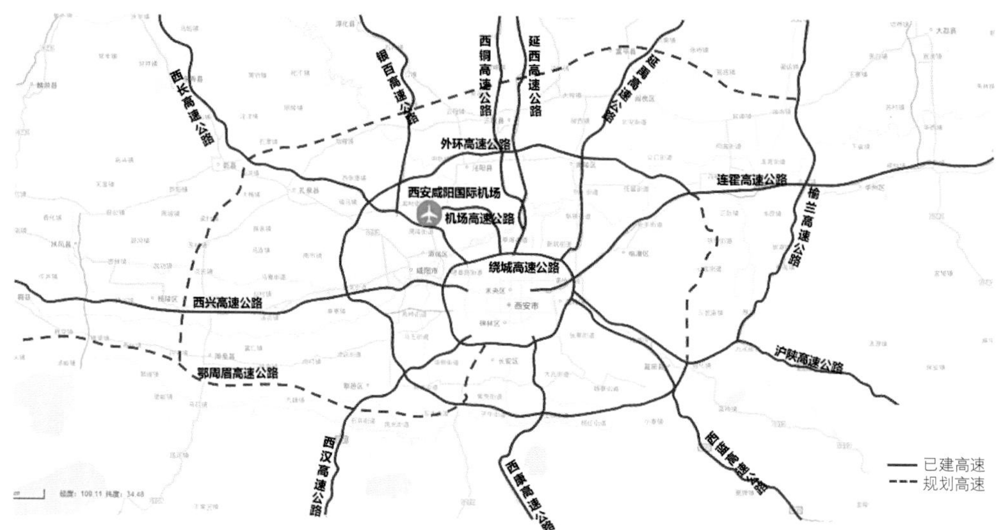

图8-2　西安周边高速公路与咸阳机场位置关系图

通过高速铁路连接至西安北站，在北站通过地铁或班车完成到机场的行程。

2. 北京大兴国际机场

北京大兴国际机场位于北京市南侧大兴区榆垡镇境内，距离北京市中心约46km，距离廊坊市约23km，距离保定市约107km，建设用地跨北京、河北两地，约1/3的机场用地在河北省境内。

在城市层级关系中，北京市为机场主要服务城市，属于第一层级关系；廊坊市、雄安新区为机场次要服务城市，属于第二层级关系；机场周边天津市、保定市、石家庄市、唐山市、沧州市、秦皇岛市、承德市、张家口市和衡水市等城市为机场辐射城市，属于第三层级关系。

在北京大兴国际机场早期选址规划及集疏运体系规划设计中，均充分考虑了大兴机场与北京市快速连通的需求，除了规划的专用机场高速公路（大兴机场高速公路）能够便捷地联系北京四环与大兴机场外，国家高速公路网中京台高速公路、大广高速公路可通过大兴机场高速公路北线实现机场与北京四环不同方向的便捷联系，并设置了干线公路南中轴线实现北京六环外各乡镇及地区与机场的联系。机场专用高速公路、国家高速公路及地方干线公路共同组成了北京市与大兴机场多方向、多层次的公路网集疏运体系（图8-3），实现了北京市与大兴机场之间便捷的公路交通联系。

在第二层级关系中，大兴机场与廊坊市之间主要利用光明西道（快速路）、场前联络线（高速公路）、大礼路及省道371（干线公路）联系，雄安新区主要通过京雄高速公路及大广高速公路与机场实现快速联系。

大兴机场第三层级关系中的北京周边城市大多数是通过国家高速公路网转换至首都环线高速公路连接至机场。

3. 厦门翔安国际机场

厦门翔安新机场位于福建省厦门市翔安区大嶝岛，在厦门本岛以及东海域、翔安区东南方向。其北与泉州南安市相望，南与台湾金门岛一衣带水，西与厦门本岛远眺，东与角屿岛相近。该机场距离厦门本岛中心约25km，距离泉州约44km，距离漳州约72km，距离金门约15km（图8-4）。

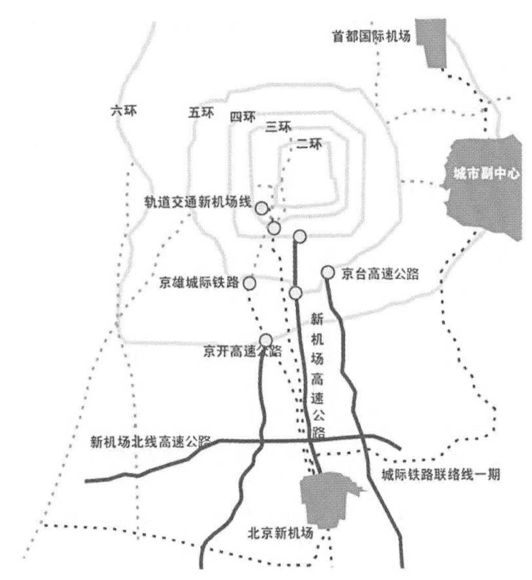

图8-3 北京大兴国际机场集疏运网络和过境网络布局规划图

厦门翔安国际机场的区域定位主要有两点：机场是区域首要机场和门户机场，将引领闽南区域航空市场的优化升级，提升区域航空市场的整体竞争能力和服务水平；机场

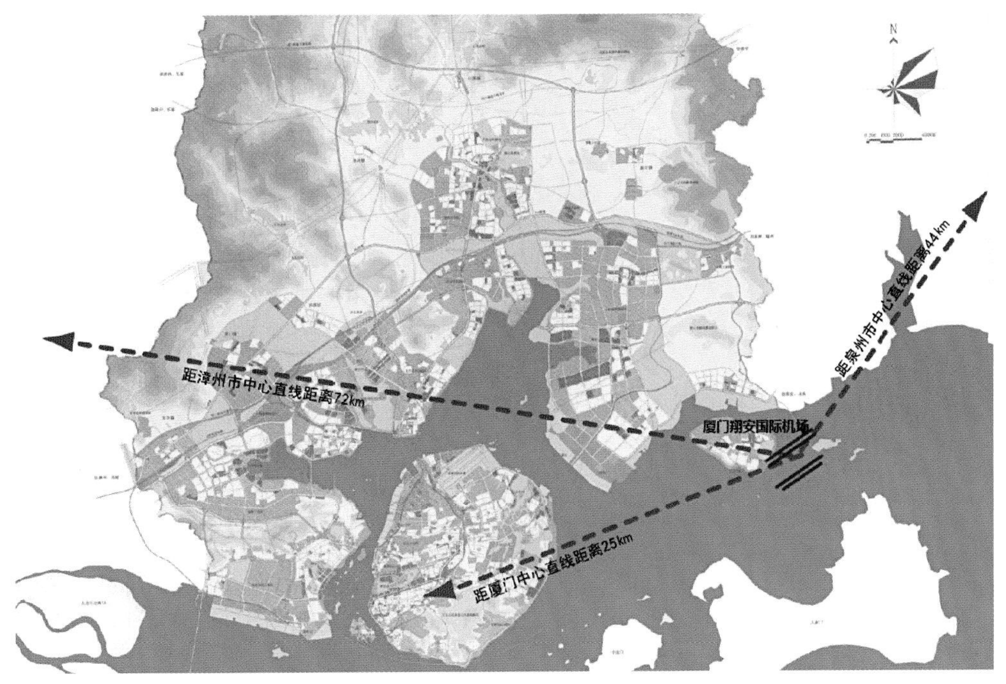

图8-4 厦门翔安国际机场与周边城市距离关系图
来源：中国民航机场建设集团公司. 厦门新机场工程可行性研究报告[R]. 2021.

将在厦漳泉大都市区同城化进程中作为区域重要的综合交通枢纽带动区域交通一体化，实现区域产业联动，促进区域同城化进程。

由厦门翔安国际机场的区域定位可知，厦门市作为新机场第一层级城市，为主要服务城市；漳州市及泉州市作为新机场第二层级城市，为次要服务城市；厦门周边其他福建省地级市为新机场第三层级城市。

（1）第一层级城市——厦门市

新机场高（快）速路网集疏运体系规划中（图8-5），面向厦门市这一第一层级城市，市域层面规划形成“两快两高”的机场高（快）速路集散结构，保障机场高效集疏运通道，并兼顾空港新城的开发需求。

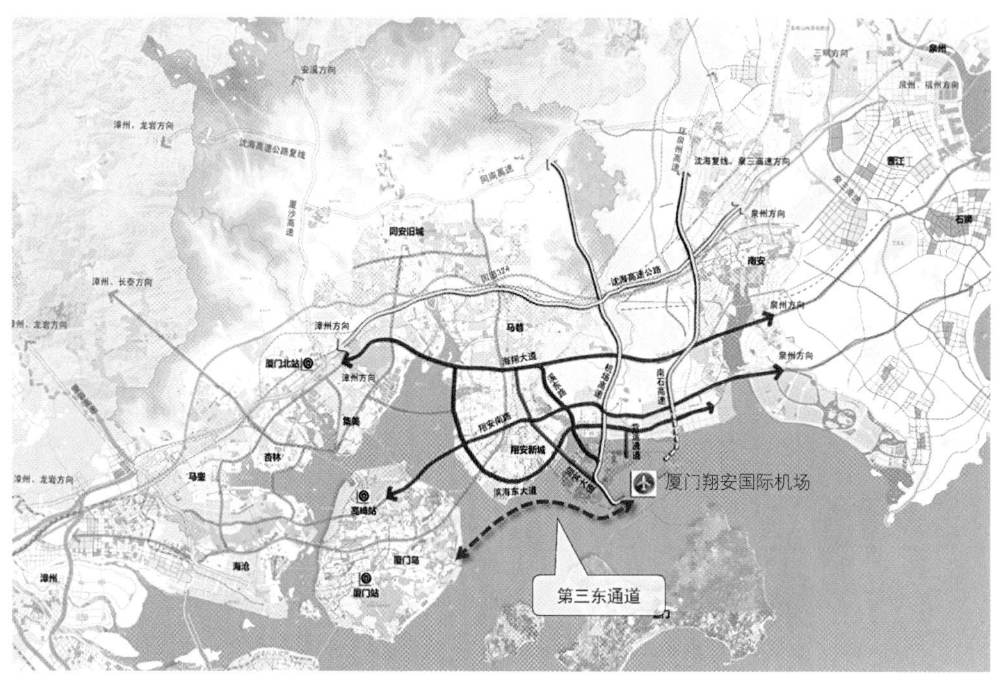

图8-5　厦门翔安国际机场集散道路规划图

来源：中国民航机场建设集团公司. 厦门新机场工程可行性研究报告[R]. 2021.

①八一大道（机场高速公路）向北延伸联系沈海高速公路系统，衔接周边区域，重点服务厦漳泉区域及更大区域的车流。

②溪东路（机场快速路）连接由海新路—海翔大道—翔安大道—翔安隧道—仙岳高架—湖里隧道构成的城市快速路系统，重点服务环湾区域，同时通过翔安大道联系同安组团。

③预留滨海大道—第三东通道衔接机场与铁路枢纽——厦门北站，同时连接城市快速路系统，重点服务厦门岛及海沧的机场旅客。第三东通道是为了解决厦门岛与机场联系的便捷性，在集约出岛的交通策略指导下，第三东通道定位为“小汽车+公共交通”复合通道，可结合铁路线入岛方案建设统一考虑，同时应考虑严格的道路交通管理措施。

④预留南石高速公路向东北放射，保证远期车行交通从东北方向联系机场与市区。

（2）第二层级城市——面向厦漳泉城市群

海翔大道、翔安南路—翔安大桥—湖里隧道形成两条厦漳泉同城区域的快速路，通过机场高速公路、机场快速路串联两条厦漳泉同城快速路通道，服务厦漳泉区域的客流。同时，根据国家高速公路网，预留南石高速公路向东北放射，服务泉州方向客流。

（3）第三层级城市——面向区域城市

区域层面主要考虑加强空港片区与区域高速公路和快速通道的快速交通衔接。规划构建“两横三纵”的骨架高速公路网（图8-6），完善区域高速公路网，其中“两横”为沈海高速公路复线—环泉州高速公路、沈海高速公路，“三纵”为厦蓉高速公路、厦安高速公路、泉三高速公路—环泉州高速公路。通过建设沈海高速公路复线缓解现状沈海高速公路的拥堵压力，并延伸环泉州高速公路至新机场，加强与沈海高速公路复线、泉三高速公路衔接。

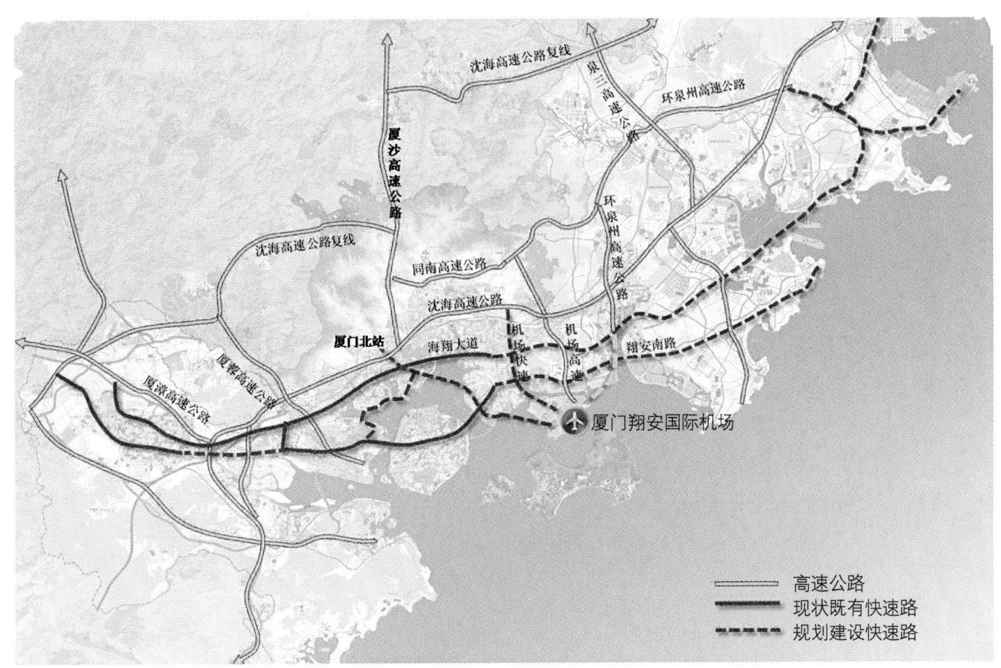

图8-6 厦门翔安国际机场区域层面新机场集散道路规划图

来源：中国民航机场建设集团公司. 厦门新机场工程可行性研究报告[R]. 2021.

8.3.2 机场发展阶段及发展水平

枢纽机场根据自身发展阶段及发展水平不同，对场外集疏运系统的要求也不同。在国内枢纽机场早期发展阶段，航空吞吐量较小，一般配置场外单一进场通道即可满足公路集疏运的要求，随着枢纽机场航空吞吐量的增加，为提高场外通道服务水平及机场进场保障度，需要新增其他方向进场通道满足机场对外集疏运的要求。

针对不同类型机场发展水平，场外保障的公路集疏运体系也不同。对于近期规划中需改扩建的枢纽机场，场外通道应适应机场改扩建计划逐步匹配机场吞吐量的要求，同时考虑不同方向进场对机场保障的要求。对于近期新规划的枢纽机场（适用于易地迁建机场及建设城市第二机场），在场外公路集疏运体系规划中应做到一次规划、分期实施。

1. 西安咸阳国际机场

西安咸阳国际机场于1991年9月1日正式建成通航；2003年9月16日完成二期工程建设，西安咸阳国际机场T2航站楼启用；2012年5月3日完成二期扩建工程，西安咸阳国际机场T3航站楼启用。

（1）低等级公路时期

西安咸阳国际机场场外公路集疏运系统也经历了与机场扩建匹配的发展过程，机场从市区搬迁至咸阳后，早期机场主要通过低等级公路满足西安与机场的联系，其中S105是早期配套机场的公路之一，S105为一条三级公路，双向两车道，从西安市区东北侧过渭河后向西转向从机场东侧接入，S105是服务时间最长并至今仍在使用的一条省道，见证了咸阳机场从无到有、从小机场到枢纽机场的转变。

（2）机场高速公路时期

随着机场吞吐量的快速发展，为配套机场快速集疏运要求，于2000年10月28日建成G3002西安绕城高速公路香王枢纽互通至六村堡枢纽互通段北段，并于2003年9月29日建成通车（即咸阳机场高速公路），起于G3002西安绕城高速公路六村堡枢纽互通，止于咸阳周陵镇东北设机场互通立交，纳入G70福银高速公路路段长13.9km，双向六车道，设计车速120km/h，路基宽35m。

咸阳机场高速公路（福银高速公路）从西安市区西北侧始发，过渭河后一路向北从机场西侧接入，福银高速公路的建成通车标志着咸阳机场进入高速集疏运时代，极大地提高了西安及咸阳与机场之间联系的效率及服务水平，伴随着场外高速公路集疏运体系的建立，机场也进入高速发展时期。

（3）机场专用高速公路时期

随着机场吞吐量的快速增加，原有机场航站楼规模及场外集疏运体系均无法满足机场高速发展的要求。福银高速公路作为国家高速公路网中的重要通道，不仅负担着城市与机场之间快速连通的车流，同时还需要负担大量的过境车流；客货混行以及极高的饱和度，使得道路整体服务水平日渐降低；作为机场单一进场快速通道，拥堵时有发生，同时考虑机场部分时段的特殊保障要求（临时封路保障等），急需开辟机场第二快速通道来满足机场快速成长的旅客出行需求及多方向进场的保障需求。

为配套机场的二期扩建工程，机场专用高速公路项目也提前启动建设。2009年7月8日西安咸阳国际机场专用高速公路正式建成通车，路线起于西安绕城高速公路朱宏路互通式立交，终点接机场东进场道路，途经西安市经济开发区、未央区汉城街道办事处、咸阳市渭城区的正阳镇、底张街道，路线全长20.58km。主线采用双向八车道高速公路标准建设，设计车速120km/h。机场专用高速公路为客运专用通道，建成后的专用高速公路为二期扩建后的机场高速发展提供了充足的保障。

伴随西咸大都市圈的发展，西咸高速公路环线的建成，形成了环+放射状的城市高速公路网格局，为机场与周边城市的联系打下坚实的基础。

2．厦门翔安国际机场

新建枢纽机场的场外公路集疏运体系规划相对简单，在新基地既有周边路网的基础上，场外集疏运体系规划应根据城市层级关系进行相应的规划及配置，同时在规划中应综合考虑机场不同方向进场的保障要求及不同等级道路的错位配置需求。

（1）近期实施方案

近期重点构建与厦门岛的联系，服务重点则是机场客流。近期规划“一快一高”——溪东路（机场快速路）、八一大道（机场高速公路）的机场集疏运道路，满足机场初（近）期需求（图8-7）。

（2）远期实施方案

远期规划“两快两高”——溪东路（机场快速路）、滨海大道（快速路）、八一大道（机场高速公路）、南石高速公路的高保障度机场集疏运道路，兼顾空港新城开发（图8-8）。

3．总结

从西安咸阳国际机场场外公路集疏运体系的发展历程来看，机场场外公路集疏运发展时期与我国高速公路快速发展时期基本重合，都经历了低等级公路到高速公路再到高

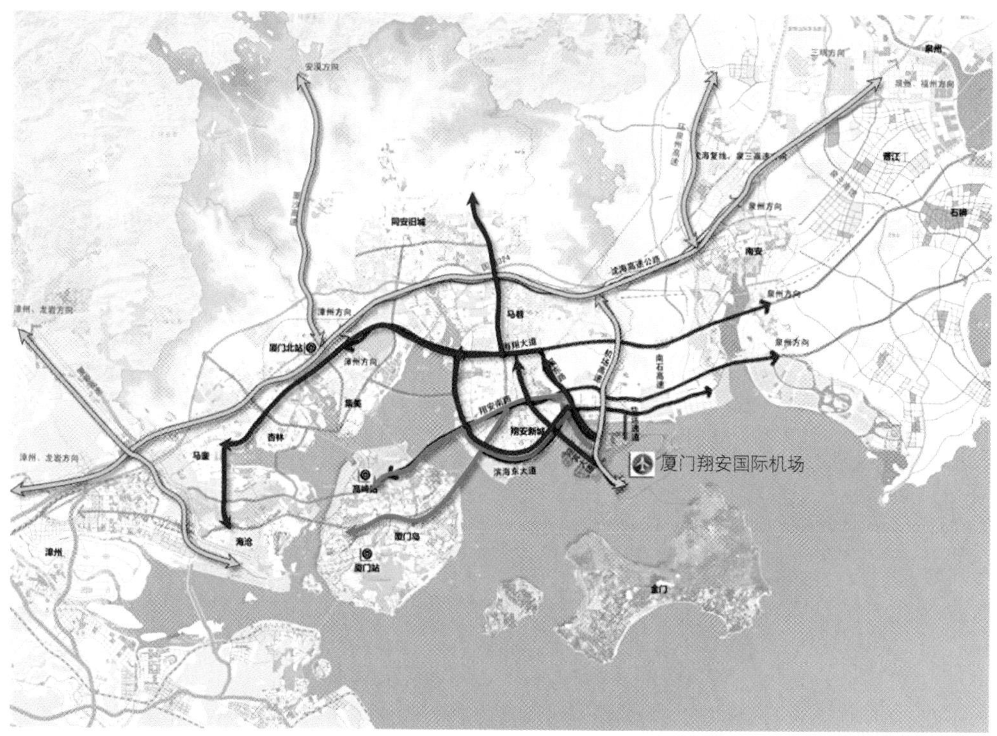

图8-7 厦门翔安国际机场集疏运通道近期交通组织方案

来源：中国民航机场建设集团公司. 厦门新机场工程可行性研究报告[R]. 2021.

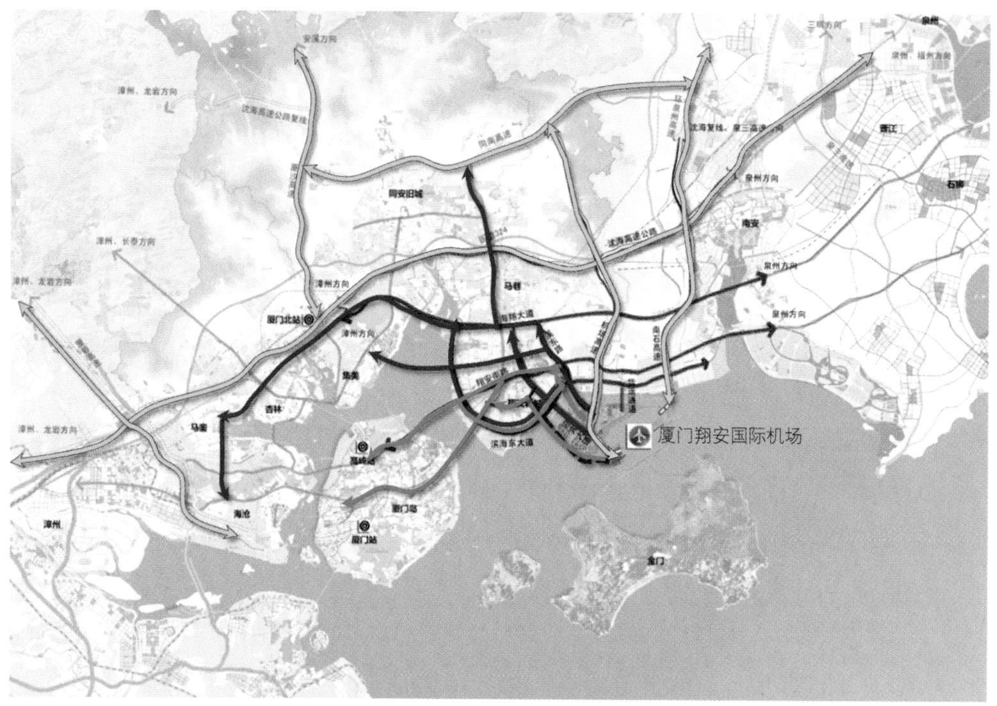

图8-8 厦门翔安国际机场集疏运通道远期交通组织方案

来源：中国民航机场建设集团公司. 厦门新机场工程可行性研究报告[R]. 2021.

速公路网的过程，同时也见证了国内民航机场从小机场到枢纽机场的整个发展历程。既有枢纽机场的场外公路集疏运体系发展带着时代的印记，有诸多不足和遗憾，但同时也为后期国内同规模新建机场对外集疏运体系规划提供了很好的样板及经验。

在本期新规划的枢纽机场集疏运体系构建时，充分吸取了早期枢纽机场集疏运体系发展的经验和教训，在城市层级关系构建及近远期发展预留上均进行了充分考虑。

8.3.3 机场高（快）速路规划要点

针对以上分析可以梳理总结机场高（快）速路规划要点如下。

（1）充分考虑枢纽机场交通的韧性规划，保证机场进离场通道冗余度，考虑机场对外沟通采用多通道、多方向接入。

（2）在机场对外交通规划中，充分考虑多种交通方式的互补及联运，对外交通需要考虑城市航站楼与机场之间的沟通。

（3）保证机场客货运进离场适度分离，机场货运主通道与客运主通道可以适当分离，一定程度减少客货混流。

（4）机场进场路规划需要近远期结合，对外通道的规划和建设需要结合机场吞吐量的发展，在机场对外系统规划中做到“网络为主、适当专用、分层分流”。

8.4 临空经济区交通规划

在国内进行临空经济区系统规划之前，机场周边的临空经济区主要作为机场的配套区域进行建设，规划建设较为无序，规划中多侧重产业空间布局，对临空经济区的交通设施布局缺少足够的研究分析，使得临空经济区的交通主要依靠机场枢纽的交通设施进行交通组织。

在早期机场吞吐量较小、临空经济区发展强度较低的背景下，临空经济区的交通借助机场交通进行集散问题不大；随着国内民航运输的快速发展，国内主要机场吞吐量快速攀升，同时伴随各地对临空经济区的认识及重视，加大了对临空经济区的投入，并进一步打造空港商务区，成为区域经济发展的新特征。

在新的区域发展背景下，临空经济区的交通和机场枢纽交通、外围高（快）速路交通同样重要，如何处理好三者的关系，做到系统统筹，是片区交通规划的重要课题。本节主要针对枢纽机场周边具有临空经济区规划时，对临空经济区相关交通规划设计的要点进行梳理。

8.4.1 临空经济区基本概念

1. 相关概念

临空经济区：一般指依托航空枢纽，在枢纽周边规划的经济发展区；规划范围一般为枢纽周边10km以内。

空港商务区：大型航空枢纽规划的临空经济区的商务核心区（CBD）；规划范围一般为靠近枢纽设置，在航站楼2km范围以内。

2. 发展历程

为配套机场工作人员及部分旅客开展机场基本服务形成的机场工作区是机场的特有功能区，是每座机场均具有的功能区，机场工作区是临空经济区的雏形。随着机场的发展，自发性地在机场部分区域形成与机场相关配套产业区是临空经济区的第二个阶段，其中机场内部区域以酒店、餐饮等旅客服务功能为主，机场外部以机场物流及基本航空配套功能为主。

以上两个阶段的发展以机场自身主导为主，随着枢纽机场吞吐量的攀升及机场配套产业规模的发展，部分产业外溢至机场周边土地，地方政府开始参与机场周边土地及产业的规划，从而形成系统性较强的临空经济区规划。临空经济区一般配套于大中型机场，以航空配套、商业、商务、酒店、物流等业态为主，并规划有居住区。

随着临空经济区进一步发展及产业规划的完善，商务、商业、酒店、会展等高端产业开始涌现及聚集，并形成临空经济区的商务核心区——空港商务区。至此，传统的机场由城市枢纽开始向枢纽城市转变。

8.4.2 临空经济区交通规划特征

从大的城市区域范畴来说，临空经济区交通规划必须依托场外高（快）速路规划，即临空经济区作为机场周边发展的新型城区，除了依托枢纽机场外，必须与中心城区取得快速联系，机场高（快）速路一般承担着临空经济区与中心城区之间组团交通快速联系的作用，机场高（快）速路系统也是临空经济区对外进出的快速通道。

同时，我们必须认识到临空经济区与机场的密切关系，即临空经济区需要依托机场发展，临空经济区的发展也是枢纽机场高质量发展的重要支撑，临空经济区与机场核心区之间交通联系是至关重要的。

由上述临空经济区交通与枢纽机场交通及场外交通的关系可知，临空经济区作为场外高（快）速路与机场核心区之间的过渡空间，其交通规划也起到承上启下的作用。

城市与机场之间通过高（快）速路快速连接，满足城市客流快速到发机场的需求；此时机场快速到发交通相对于临空经济区属于过境交通；中心城区与临空经济区之间的交通属于城市组团交通；中心城区通过高（快）速路连接至临空经济区后，其内部交通又属于集散交通。

片区内到发交通、过境交通、组团交通、集散交通交织在一起，在片区交通组织规划时，必须充分考虑各种交通之间的差异及联系，妥善处理好高（快）速路系统、临空经济区交通系统及枢纽机场交通系统三者之间的关系。

根据临空经济区的发展强度及枢纽机场规模，同时考虑临空经济区作为新型城区，其交通规划又可以细分为临空经济区核心区（一般指空港商务区）交通规划及临空经济区非核心区交通规划。

核心区交通规划一般指片区内核心商务区区域内的交通规划，非核心区交通规划指核心区以外区域的交通规划。本书重点讨论与机场交通规划关系较为密切、相互影响较大的空港核心区交通规划，对于空港非核心区的交通规划一般参照常规城市交通规划准则即可，本书不作展开讨论。

8.4.3 空港商务区交通规划策略分析

1. 商务区功能定位

交通需求及策略分析必须围绕片区功能定位开展，空港商务区的定位可以拆解为“空港”及“商务区”两部分：“空港”是指该片区紧邻航空枢纽，需具备支撑航空枢纽配套功能的定位；“商务区”是指该片区不仅仅只是航空配套的定位，片区自身有成为商务区进行高质量发展的需求。纵观国内外成功空港商务区的规划建设可知，空港商务区的功能基本围绕上述定位展开，如虹桥商务区功能定位即为“打造世界知名商务区、保障虹桥枢纽的正常运转”。

总结站前商务区功能定位，即机场高效运行的有力保障、商务区高质量发展的自身需求。商务区所有基础设施规划及建设均需要围绕着该定位开展，具体到交通规划，即在保障机场进出场相关交通高效顺畅的基础上，商务区自身的对外疏解及对内集散交通需满足商务区高质量发展的需求。

2．商务区交通需求梳理

商务区内主要用地类型为商务、办公、酒店等依托空港的功能，是机场功能的拓展与延伸。商务区交通规划主要需要解决以下需求。

（1）满足机场到发交通快速疏解的需要

大型航空枢纽高峰小时进离场交通量较大，对交通快速疏解的要求很高，只有进出交通能够快速疏解，航空枢纽的运转效率才能提升。以西安咸阳国际机场东航站区（T5航站楼）为例，远期规划旅客吞吐量约为7361万人次/年，高峰小时客流量达2.1万人次，单向高峰小时交通量为5450pcu。

因此，考虑机场进出交通的快速疏解，进出交通均需要设置为连续流，商务区交通规划需要考虑机场进出交通快速通道设置的需求。

（2）满足商务区自身交通疏解的需要

根据商务区高质量发展的要求，一般商务区开发体量和开发密度均较高。以空港新城T5航站楼站前商务区为例，根据商务区相关用地规划，商务区核心区域1.5km^{2}开发体量达到141万m^2，未来商务区早高峰出行量达到4.1万人次，早高峰单向小时交通量达到7905pcu。在商务区交通规划中需要满足自身交通疏解，保证区域内交通出行畅通。

（3）商务区与机场相对独立的需要

在交通运行特征上，商务区与机场枢纽存在一定区别，商务区交通以地块服务为主，主要表现为可达性要求高、环境品质要求高，以集散交通为主；机场交通以服务进出场旅客为主，主要表现为快进快出要求高、对外联系要求高，以到发交通为主。考虑机场与商务区交通量均较大，且交通运行特征有较大差别，在交通体系设计上，考虑商务区与机场对外交通相对独立。

（4）商务区与机场互联互通的需要

在考虑商务区交通及机场进出交通相互独立的基础上，同时需考虑商务区必须借助机场强大的航空、铁路、轨道交通等交通资源，才能为商务区发展增添活力。商务区与机场进行互联互通是双向的：商务区需借助机场枢纽资源，实现商务区高质量发展；商务区作为机场枢纽的延伸区，机场也必须与商务区进行互联互通，以支撑机场的高效运行。

（5）实现商务区高端定位的需要

在实现以上交通基础需求的基础上，由于机场净空限制，为实现商务区高质量发展，必须提升单元面积土地价值，商务区一般会通过拓展地下空间来弥补地上受限的不足。地下空间开发在“构建高效步行网络和紧凑型城市、补充发展城市空间和城市功能、助力绿色低碳城市建设”方面非常契合商务区的需求，也为构建地下交通系统创造了良好条件。因此，建议在充分论证的基础上，结合地下空间规划，在商务区核心区范围内设立地下人行及地下车行系统，实现地面道路公交优先、慢行系统优先的发展理念，以满足商务区高端定位的发展需求。

3．商务区交通规划策略分析

根据前述交通需求分析可知，大型航空枢纽配套的空港商务区范围内将承载巨大的交通量，如何高效有序地组织商务区与机场进出交通是保证区域交通正常运转的关键。基于商务区交通规划需求梳理，考虑到商务区交通与机场交通存在的差异，结合国内外主要大型枢纽机场的运营经验，提出以下交通规划策略。

1）商务区与机场各自相对独立的对外交通系统：对外交通各自相对独立，满足快进快出，实现对外交通有保障。

2）商务区与机场之间互联互通的对内交通系统：核心区域增强机场与商务区人行、车行交通互联互通，提高枢纽机场运行的保障力，增强商务区发展的竞争力。

在商务区交通规划中，相对独立的对外交通系统是基础需求，互联互通的对内交通系统是核心需求，其中，基础需求必须满足，核心需求需重点考虑。

8.4.4 空港商务区交通规划设计案例

商务区交通规划应以基地现状及规划交通条件为基础，以交通规划策略为导向，全面满足商务区交通需求，保证商务区交通规划的合理性及适用性。本节以空港新城T5航站楼站前商务区为例进行交通规划设计。

（1）空港新城T5航站楼站前商务区

空港新城T5航站楼站前商务区位于陕西省西咸新区空港新城东部，紧邻西安咸阳国际机场新建的T5航站楼，未来将成为陕西的门户，如图8-9所示。空港新城T5航站楼站前商务区规划定位主要有以下两点。

1）符合四型机场需求，有利于全面提升机场运行效率，是建设“中国最佳中转机场”的有力支撑。

2）符合“高质量发展”和打造“内陆开放高地”的要求，有利于将站前商务区建设成为陕西省向西开放的重要枢纽、国际化中央商务区和对外贸易新平台。

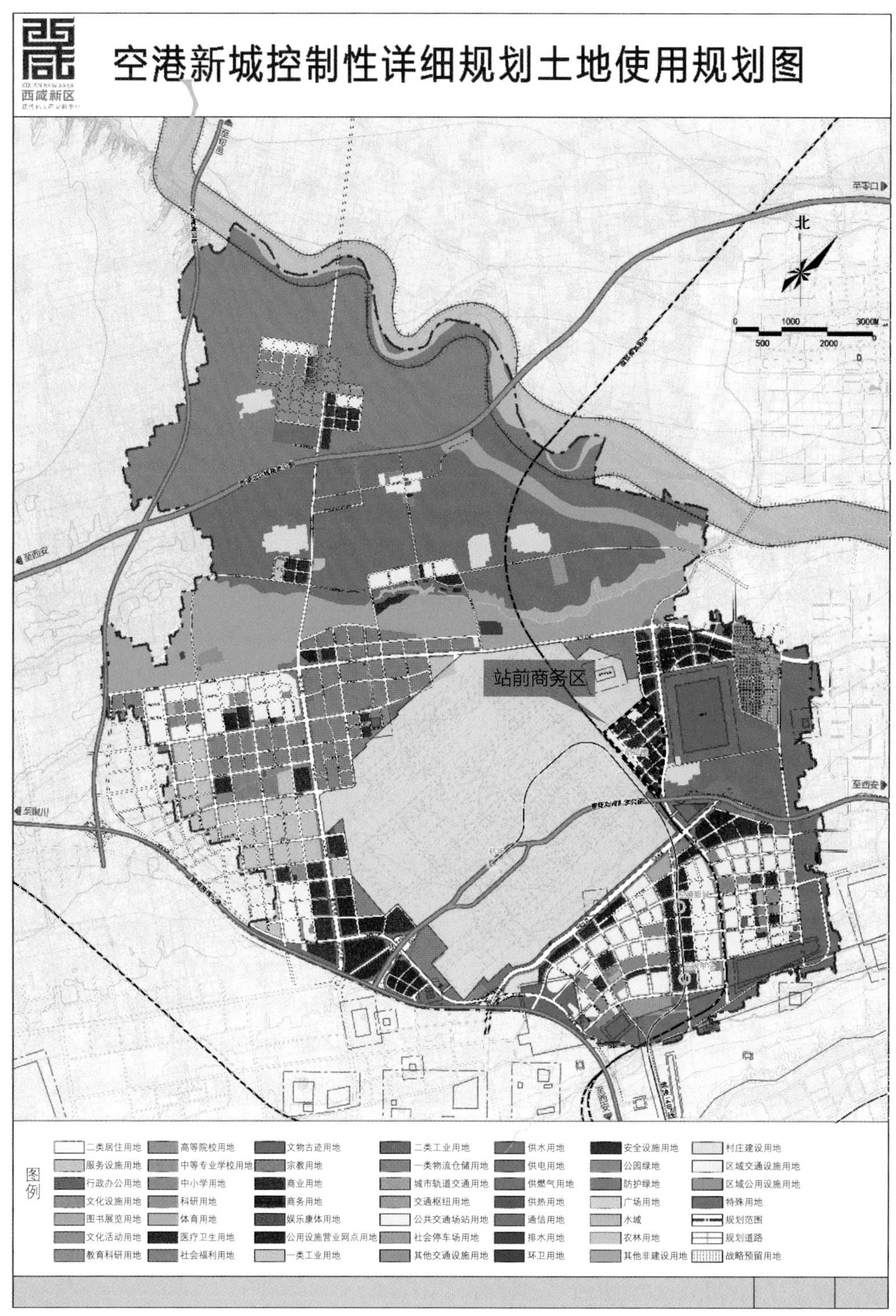

图8-9　空港新城控制性详细规划

（2）基地现状及规划交通条件

根据空港新城T5航站楼站前商务区最新控制性详细规划（图8–10），商务区内地面道路系统共包含15条道路，其中主干路1条、次干路6条、支路8条；天翼大道为主干路，规划红线宽度60m；空港大道、文光街及顺陵一路为规划次干路，规划红线宽度为45m；其余次干路及支路规划红线宽度为36m、24m及20m。现状有部分道路与局部地块已建成，主要集中在场地北侧，已建地块为航投大厦及长安航旅酒店，已建道路分别为空港大道（建成宽度32m）、彭孝街（红线宽度24m）、曹参路（侠农街—空港大道，红线宽度36m）。

图8–10　空港新城T5航站楼站前商务区控制性详细规划

（3）交通规划设计

商务区交通规划围绕“相对独立的对外交通系统、互联互通的对内交通系统”开展。

1）相对独立的对外交通系统。

基于前述交通需求及规划策略分析，为保证机场与商务区的基本运行，需设置相对独立的对外交通系统。根据机场总体规划，结合机场高架落客平台的设置，为保证机场快速进出交通，机场对外交通需采用高架桥形式；结合区域规划道路等级，区域路网中规划红线宽度大于45m的道路可用于布置机场快速进出通道。根据商务区控制性详细规划，沣泾大道作为商务区主要对外联系通道，承担商务区对外集散交通的功能。

因此，交通规划中考虑在空港大道、文光街及沣泾大道布置机场高架桥，满足机场快速到发交通的需求；商务区交通利用立交匝道实现与机场进出交通提前分离至沣泾大道，利用沣泾大道实现商务区交通快速集散。从而形成“机场对外交通主要依靠高架桥、商务区对外交通以地面道路为主”的相对独立的对外交通系统（图8–11、图8–12）。

2）互联互通的对内交通系统。

商务区与机场之间互联互通指二者之间建立便捷联系的对内交通。互联互通主要包括两方面：车行交通的互联互通及慢行交通的互联互通。

在本期商务区交通规划中，通过设置上下匝道建立商务区与机场高架桥出发层之间的相互联系（图8–13），通过地面道路交叉口建立商务区与机场到达层之间的相互联系（图8–14），满足商务区车辆能够快速到达机场各功能区域，从而实现商务区与机场车

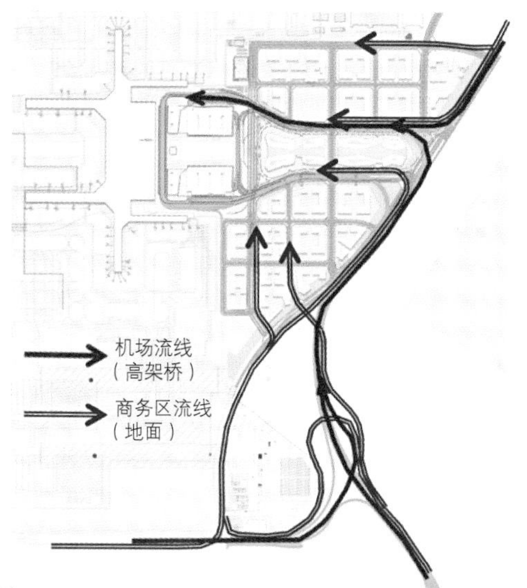

图8-11 机场与商务区进场交通流线

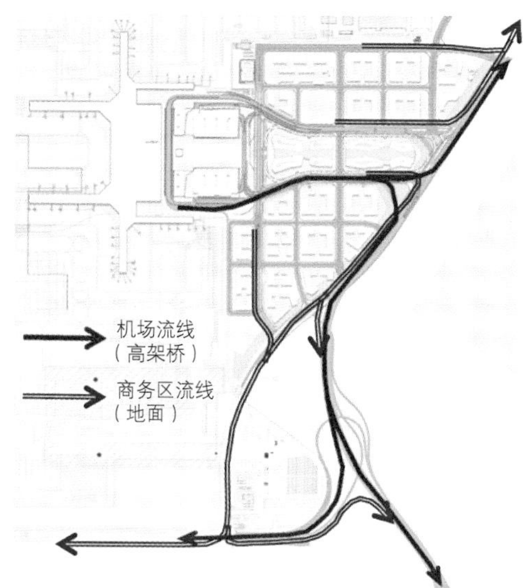

图8-12 机场与商务区离场交通流线

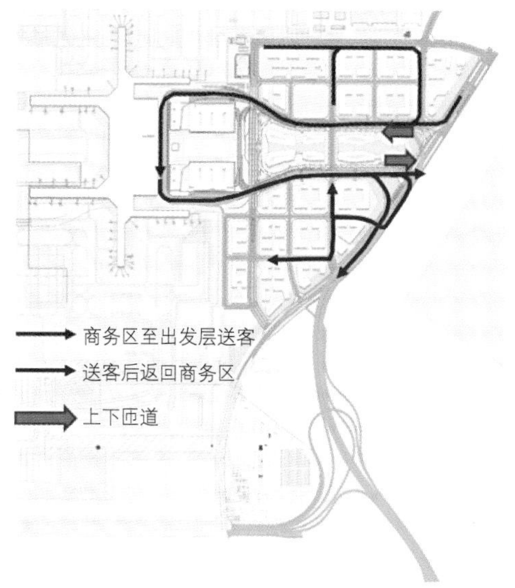

图8-13 商务区与机场出发层交通流线

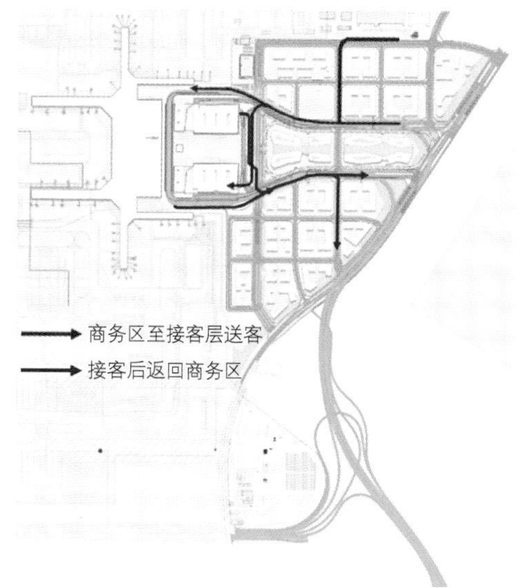

图8-14 商务区与机场到达层交通流线

行交通的互联互通。

慢行系统规划中，除了通过地面交叉口保证商务区与机场慢行系统的便捷联系外，根据区域地下空间规划，设置商务区与机场地下人行系统（图8-15），以提高区域人行系统的通达性及舒适性。

在国内部分商务区交通规划中，一般由于机场先期建设的缘故，对商务区发展缺乏

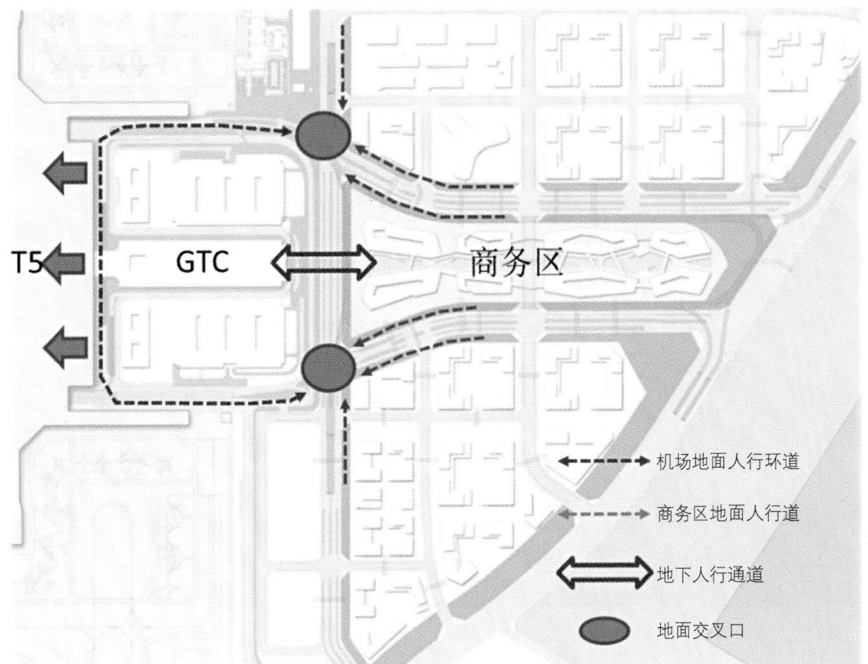

图8-15 商务区与机场慢行交通流线

预见性，规划滞后，导致商务区交通“灯下黑”现象时有发生，即虽然商务区与机场近在咫尺，但是由于规划的不同步，商务区后期规划过程中难以与机场实现便捷联系，从而也导致商务区无法借助枢纽机场的强大客流实现快速发展。

因此，互联互通的对内交通系统是商务区交通规划的重中之重，便捷的对内交通体系是商务区与机场之间互为发展支撑的有力保障，也是商务区与机场统一规划、融合发展的有力体现。

（4）交通方案设计

空港商务区交通需求复杂，需要在有限的空间内同时解决机场进出场交通、商务区到发交通、片区与机场枢纽的联系交通及内部循环交通等。结合商务区交通与机场交通特点，规划高架桥、地面、地下三层立体车行交通系统（图8-16），并设置合理的高架桥上下匝道及隧道进出口；同时，构建地面、地下两层人行交通系统，基本实现“相对独立的对外交通系统、互联互通的对内交通系统”规划目标，建成后的规划方案是商务区未来高质量发展的有力支撑。

图8-16　空港商务区交通规划方案

8.5　本章小结

本章着重介绍了轨道交通、高（快）速路交通及临空经济区交通相关机场场外交通规划要点。

在场外轨道交通规划中提出：枢纽机场在规划阶段出行结构分配上，轨道分担率应至少控制在20%，有条件的情况下应考虑40%以上的轨道分担率；同时，基于轨道交通快线对提高枢纽机场轨道分担率的重大作用，在规划阶段应充分论证；并充分考虑各种类型的轨道交通统筹协调，保障轨道交通建设与枢纽机场的发展同步协调。

在机场高（快）速路交通规划要点论述中，提出影响机场高（快）速路规划的两个主要影响因素，即机场与城市层级、机场发展阶段及发展水平，从机场进离场通道冗余性、多式联运、近远期结合、客货适度分离等角度给出机场高（快）速路规划要求。

针对临空经济区交通规划，以空港商务区交通规划为主体，通过分析空港商务区定位，明确站前商务区两大基础功能，即机场高效运行的有力保障、商务区高质量发展的自身需求；结合功能定位梳理商务区交通需求，提出“相对独立的对外交通系统、互联互通的对内交通系统”交通规划策略，并以空港新城T5航站楼站前商务区为例，给出交通规划设计方案，以期相关成果能够为后续其他空港商务区的交通规划提供解决思路。

本章提供了部分枢纽机场的场外交通规划案例，希望读者通过本章阅读对场外交通规划有初步的认识。

9

机场货运交通规划

机场货运交通是指在全球范围内，通过空运方式进行货物运输、调度、分拣和转运的一种交通方式。这种交通方式通过运用航空公司的货物舱、货物集散中心、货运站等设施和服务来实现货物的高速、远距离运输与分发。机场货运交通是一种独特的、有效实现快速精确和及时货件交付的交通方式。它涉及的主要责任实体包括航空公司、货运代理及物流公司、货物分拣中心、机场及相关的后勤服务。与传统的海上、陆地货运方式相比，它更加依赖较短的运输时间、定时运行和货物安全。航空货运具有高时效性、可达性强、高安全性、货物损耗小、高附加值、高技术含量等显著特点。

9.1 部分机场货运数据梳理

根据国际机场协会（ACI）公布的2022年全球前二十大货运机场的统计数据（表9-1），中国有五大机场名列前二十。例如，我国香港国际机场是世界上最繁忙的货运机场之一，凭借其优越的地理位置和高效的货运转运及通关效率，成为全球航空货运的典范枢纽。这些货运机场在全球的货运市场中发挥着重要作用，处理和递送了全球范围内的大量货物。借助高效的货运设施、网络和服务，这些货运机场正在成为全球货运业的重要枢纽。目前上海、北京、广州、深圳和郑州五大机场国际货运量占了内地国际航空货运的90%左右，而国际货邮吞吐量内地仅上海浦东国际机场位列全球前二十，由此可见我国的货运机场发展还有很大空间。

国际机场协会2022年全球机场货运量排名前20　　表9-1

排名	机场名称	2019年货运量（t）	2022年货运量（t）	增长（%）
1	香港国际机场（中国）	4809485	4198973	−12.7
2	孟菲斯国际机场（美国）	4322740	4042679	−5.5
3	安克雷奇国际机场（美国）	2745348	3462874	25.1
4	上海浦东国际机场（中国）	3634230	3117216	−14.2
5	路易斯维尔国际机场（美国）	2790109	3067234	9.9
6	仁川国际机场（韩国）	2764369	2945855	5.6

续表

排名	机场名称	2019年货运量（t）	2022年货运量（t）	增长（%）
7	台北国际机场（中国）	2182342	2538768	15.3
8	迈阿密国际机场（美国）	2092472	2499837	19.5
9	洛杉矶国际机场（美国）	2313247	2489854	8.6
10	成田国际机场（日本）	2104063	2399298	14.0
11	多哈国际机场（卡塔尔）	2215804	2321920	4.8
12	芝加哥国际机场（美国）	1758119	2235709	28.2
13	法兰克福机场（德国）	2091174	1967450	−5.9
14	巴黎国际机场（法国）	2102268	1925571	−8.4
15	广州白云国际机场（中国）	1922132	1884784	−1.9
16	樟宜机场（新加坡）	2056700	1869600	−9.1
17	辛辛那提国际机场（美国）	1249128*	1794451	43.7
18	迪拜国际机场（阿联酋）	2514918	1727815	−31.3
19	莱比锡国际机场（德国）	1235452*	1509098	22.1
20	深圳宝安国际机场（中国）	1283000*	1506959	18.5

注：2019年带*号数据非国际机场协会官方数据，为通过其他途径查询所得。

从货客比指标（货客比=万吨货邮吞吐量/千万人次）来看我国机场的客货专业程度。在我国机场中，2019年货客比指标最高的是上海浦东国际机场，为48.72（表9–2）。反观国外机场，货客比指标大于100的重点机场有孟菲斯国际机场、路易斯维尔国际机场和安克雷奇国际机场等，尤其是孟菲斯国际机场，是全球专业程度最高的货运机场（我国鄂州花湖机场规划货客比为2450）。

鄂州花湖机场是亚洲首座专业货运枢纽机场（图9–1），2022年7月17日建成投运。花湖机场白天主要满足客运需求，夜间主要为货运航空，设计满足2025年旅客吞吐量100万人次、货邮吞吐量245万t的运营需求。其中，顺丰转运中心一期建筑面积就约为70万m^2，智能化分拣线传输总长52km，每小时最高可处理各类包裹50万余件，是目前亚洲规模最大的快递包裹处理系统。

2019年我国部分机场和国际货运枢纽机场货客比分析　　表9-2

机场	货邮吞吐量（万t）	旅客吞吐量（千万人次）	货客比（万t/千万人次）
上海/浦东	363.42	7.62	47.72
北京/首都	195.53	10.00	19.55
广州/白云	191.99	7.34	26.16
深圳/宝安	128.34	5.29	24.25
杭州/萧山	69.03	4.01	17.21
成都/双流	67.19	5.59	12.03
郑州/新郑	52.20	2.91	17.92
上海/虹桥	42.36	4.56	9.28
昆明/长水	41.58	4.81	8.65
重庆/江北	41.09	4.48	9.18
西安/咸阳	38.19	4.72	8.09
南京/禄口	37.46	3.06	12.25
厦门/高崎	33.05	2.74	12.06
青岛/流亭	25.63	2.56	10.03
武汉/天河	24.32	2.72	8.96

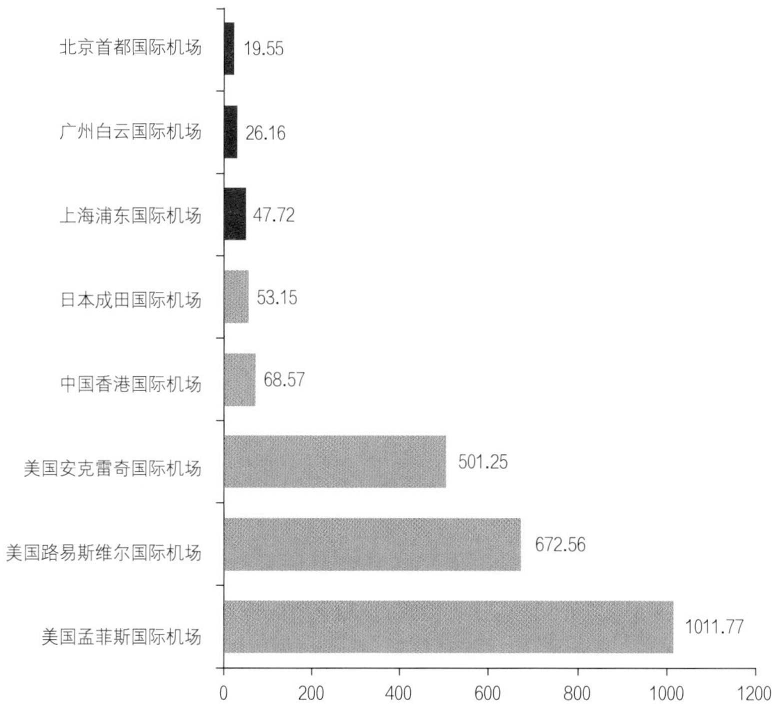

来源：民航局公开资料，中国民航大学临空经济研究中心分析。

图9-1 鄂州花湖机场转运中心

9.2 航空货运交通流程

机场货运交通的组织方式通常涉及多个相关责任实体，包括航空公司、货运代理、机场货站、集散中心等（图9-2）。

1）航空公司：航空公司在机场货运交通中起到了核心作用，它们承担了货物的运输与调度任务。主要通过承运货物、拼装集装、定期运行、航班操作等方式予以完成。

2）货运代理：货运代理负责接收、分拣、装载货物并代表客户与航空公司进行沟

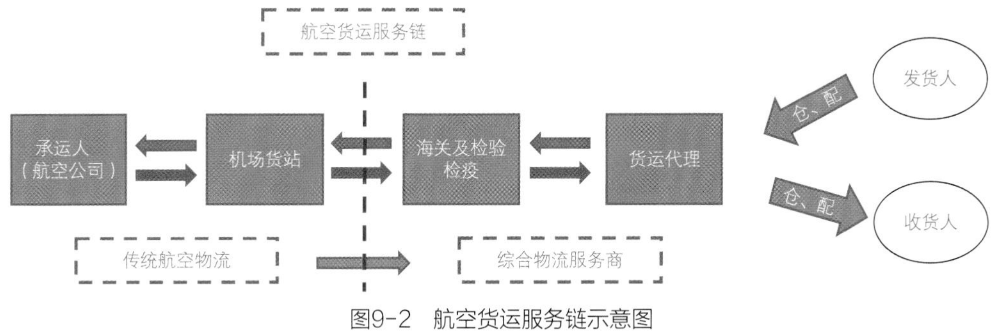

图9-2 航空货运服务链示意图

通和签订运输合同。代理商通常会安排货物的运输并处理与航空公司间的相关事务、关务等。

3）机场货站：货运站是机场货运交通过程中专门用于装卸、储存、分拣及出入库管理的设施。其主要职责包括货物接收、短途回暖、货物装箱和配载、运输单证审核等。

4）集散中心：这些以大型航空公司为主体的集散中心汇集了大量的进出口货物。其主要职责包括货物的集散方式和分发指导。根据不同的出发地和目的地，分配货物到相应的班次和航线。

5）后勤服务：包括海关等政府监管机构、保险公司、银行、物流信息服务商等。后勤服务提供各种支持，使货物在机场之间顺利、安全运输。

从航空货运的基本流程上来说，国际航空运输和国内航空运输没有显著不同，但国际空运牵涉两个以上的国家，根据需要增加出入境、海关、检疫等手续。国际航空货运中，国际快递一般包含国内和目的国清关两边代理服务，有些包含税而有些不包含，一般都是派送到门；国际空运只负责运到机场（少数也有清关派送）而不包目的国清关，客户需自行派代理去机场清关。

航空货运的用时分配主要包括以下几个环节：①预订与安排，主要涉及货物的预订和航班的安排，一般来说，这个环节的时间较短；②提货与装箱，主要包括货物的提取、打包、装箱等工作，这个环节的时间主要受货物数量、体积、质量等因素影响；③运输与清关，是航空货运的主要环节，包括货物的运输、清关等工作，这个环节的时间主要受航班时间、海关清关时间等因素影响；④送货与签收，主要包括货物的送货和签收，一般来说，这个环节的时间较短。

总的来说，航空货运的全程时间根据具体的货物类型、数量、目的地等因素有所不同。图9-2中各环节之间的货运交通是决定航空货运交通运输效率的重要因素，而不同机场的特点不同，运转效率差异也较大。

9.3 航空货运的多式联运

《交通强国建设纲要》中指出，到2035年现代化综合交通体系基本形成，基本形成“全国123出行交通圈”（都市区1小时通勤、城市群2小时通达、全国主要城市3小时覆盖）和“全球123快货物流圈”（国内1天送达、周边国家2天送达、全球主要城市3天送达），旅客联程运输便捷顺畅，货物多式联运高效经济。

目前主要的交通运输方式有铁路、公路、水运、航空和管道，各种运输方式各有特点，多种交通运输方式的联运协作愈发密切。航空运输货物的多式联运主要包括空陆联运、空铁联运及空海联运三种方式，这三种联运方式通过不断实践，在新时代通过数字化等手段不断赋能，模式不断创新、深化。三种联运方式的运用由地理环境、交通配套条件成熟度、产业结构等诸多因素决定。

9.3.1 空陆联运

空陆联运是航空货运相关多式联运模式中发展相对成熟的联运方式。2018年，《空陆联运集装货物转运操作规范》（JT/T 1286—2020）将空陆联运的定义规范为采用航空和公路两种运输模式实现的多式联运，包括航空转陆路和陆路转航空两种方式；同时，还明确规定了相关操作流程、航空集装器参数要求、对承运人的要求等。目前航空货运枢纽如香港国际机场、上海浦东国际机场、北京首都国际机场、郑州新郑国际机场等，都有比较成熟的空陆联运业务，支撑其在枢纽机场的货物集散。

深圳宝安国际机场与香港国际机场更是推出了“深港陆空联运”产品，将出口货物查验、打板理货等服务前置到前海湾保税港区，企业可在前海完成出口货物订舱、打板、安检等全部业务流程，出口货物通过卡车直接对接香港航班，打造货物出口快速通道。“粤港跨境货栈”制度实现了进境环节快速通关，将货栈视为香港国际机场的二级货站，在海关特殊监管区域内设立专门的处理区域进行理货和存储，无须在香港国际机场货站理完货后再报关进境，提高物流运作效率；便利货栈货物进口报关手续，实现精简申报。据统计，这可为企业降低1/3的物流成本，缩短1/4的物流时间。

9.3.2 空铁联运

空铁联运在长距离运输、大宗货物运输和地理覆盖等方面具有优势，通过充分发挥航空和铁路两种运输方式的特点，提供高效快速、成本优势和环境友好的物流解决方案。空铁联运通过从高速铁路客货专线引出货运铁路支线引至机场货运区，通过分时错行的方式减少客货列车的影响。机场铁路货运场站的建设需要满足接驳中转作业的便利性。根据各机场的建设条件制定适宜的空铁联运衔接模式及对应的作业流程。

目前国内的研究成果中，根据铁路站场和机场的相对位置关系及其多式联运全作业流程设计的不同，机场地区的空铁联运衔接模式可以分为无缝衔接式、内部接驳式及外部转运式三种（表9-3）。无缝衔接式铁路卸货装载区在空侧，其他两种模式在陆侧。

空铁联运衔接模式对比　　表9-3

衔接模式	铁路货运线设站位置	接驳形式	建设成本	转运时间	可靠性	适用范围
外部转运式	陆侧	货车	较低	长	较低	既有货运区改造
内部接驳式	陆侧、空侧交接处	空铁联运中心	中	中	中	新建货运区
无缝衔接式	空侧	自动化	高	短	高	新建机场或货运区

外部转运式是国内早期采用较多的空铁联运方式。即高速铁路货运（支）线引入空铁联运中心，货物在站台卸下后，通过货车运输方式将货物从空铁联运中心转运至机场货运区内部。高速铁路货运站和机场货运区相对独立，可分别进行货物拆解、拼箱打板、仓储配载等作业。同时，该模式下的高速铁路货运站的设置对空侧影响小，建设成本相对较低易实现，也可与空陆联运、公铁联运等模式相结合。

内部接驳式是指将高速铁路货运支线引入机场货运区，并在机场陆空侧交接处配套建设空铁联运货站的联合运输形式。联运的货物从高速铁路站台卸下后转运至空铁联运货站，在该货站内完成分拣、装卸、仓储、安检等一系列周转作业，最后转运至机坪发运，反之亦然。该模式下的空铁联运货站、高速铁路站台均设置在机场货运区，联运流程需要根据联运作业和运输流线统筹设计组织。以湖北鄂州花湖机场为例，规划自鄂州东站引出高速铁路货运支线接入机场南侧的货运区，并在南货运区的陆侧公共区设置地面货运站，货运通过空侧专用道路往返于铁路站场与机场转运中心或机坪之间进行接驳，以此解决“最后一公里”问题。

无缝衔接式是理想型的空铁联运方式。它直接将高速铁路货运支线从地下引入，并将站点设置在机场空侧货运区地下，在空侧范围内完成接驳作业。这减少了运输过程中的周转流程，大幅度提升了运行效率。但是将高速铁路货运支线从地下引入空侧带来的投资成本较高，特别是对现状机场航站区的改造难度大、安全保障要求高。

9.3.3 空海联运

空海联运综合了空运速度快、时效性强与海运运量大、成本低的特点，能对不同运量与不同运输时限的货物进行有机结合，在时间上比海运短，在运费上比空运低，有效提高了时效性。目前主要的空海联运形式是把货物先由货船运至国际中转港口，然后经过转关操作并安排拖车将货物拖至中转机场，在经过分拨、打板、配载后，再空运至目的地。根据民航行业相关报道，"目前国内主要空海联运线包括中国主要港口经船运输到阿联酋迪拜，通过迪拜国际机场的国际航班运输到非洲；中国主要港口经船运输到韩国仁川，经仁川国际机场的国际航班运输至欧洲或者美国；中国主要港口经船运输至美国洛杉矶或迈阿密，通过航班运输至中南美洲；国外主要港口经船运输至我国主要港口，经邻近枢纽机场分拨至我国国内其他目的地。以中国经迪拜中转到非洲的空海联运产品为例，全程海运到非洲需25～42天，而空海联运只需15～20天，时间缩短了近一半"。

海运与空运的装载设备标准不同，在空海联运时必须更换各自航段的集装设备，在某种程度上延长了空海联运的时间。另外，通关的便捷性、运力和舱位的衔接等因素都会对空海联运的效率与效益产生影响。

香港国际机场是全球最繁忙的货运机场之一，其空海联运具有地理位置优越、拥有广阔的空运网络、高效的机场运作、优秀的海运配套等特点。香港位于亚洲的中心，是东、西方之间的重要交通枢纽，能够快速方便地连接全球主要城市。香港国际机场与全球超过200个目的地的机场有直飞航班，提供了丰富的航线和航班选择。同时它拥有先进的货物处理设施和系统，包括自动化的货物处理系统和电子货物跟踪系统，确保货物能够准确、快速运输。香港拥有世界级的深水港口，与机场形成了完美的空海联运，能够满足各种不同的货物运输需求。香港国际机场第三跑道及各项扩充计划预计2025年落成，届时机场货运能力将增加一倍。

香港国际机场是粤港澳大湾区国际货运门户，据统计，大湾区约75%的国际航空货运经由香港国际机场转飞世界各地。香港国际机场正对其空海货物联运模式进行创新，以满足大湾区持续增长的空运需求。东莞是领先制造业中心，每年经香港国际机场进出口的航空货运量超过70万t，香港机场管理局在东莞虎门港综合保税区内选址建设空港中心项目，该项目预计2025年完工。

为满足项目空海联运的运营需要，海关按照相关规定设立为水路类海关监管作业场所，具备国际空港的功能，通过提供空间、土地、扶持政策和协调海关便利措施等方式，共同支持空港项目，以空海联运方式无缝连接香港国际机场。该空港中心项目，作为香港国际机场第三跑道的重要配套设施，将按照香港国际机场货站标准建设，并作为其在华南地区的指定收发货点，据测算年处理能力将达100万t以上。

内地货物可在东莞的空港中心完成安检、打板及收货程序，货物然后可经海路运送至机场空侧货运码头，再经空运直接转运到全球各航点。据估算，新的空海联运模式可降低50%的运输成本，以及缩短1/3的时间。

9.4 智能货站

智能货站是指通过物联网、大数据、云计算等技术，实现货物的自动化、智能化管理和操作的仓储设施。在航空货运中，智能货站能够进行货物的自动化装卸、分类、存储和检索，大大提高了货物处理的效率和准确性。

上海浦东国际机场西货运区智能货站项目（图9-3）是机场四期扩建工程项目之一，是上海国际航空枢纽建设的又一重要货运基础设施。2021年，上海浦东国际机场货邮吞吐量创历史新高，已达436万t，连续多年排名全球航空枢纽货运第三。在该项目的

图9-3　上海浦东国际机场西货运区智能货站项目效果图

规划、设计、建设中，全方位融入智慧机场建设新理念，集合先进的物流技术，实现货物处理系统自动化、货物安检流程化、建筑设施智能化。该智慧货站为两层的高标准物流设施，含冷库、集装高架库、汽车平台及坡道等，采用单边双侧坡道式设计，并配套综合办公楼、停车楼、特运库（含交货棚）、备件库、空侧通道口、陆侧海关卡口等多个建筑单体。项目建成投运后，将为上海口岸提供每年超过100万t的出入境货物保障，更好地支撑起上海浦东国际机场客货运“两翼齐飞”的货运之翼。该货站将成为全国的标志性航空物流设施，能够更好地带动上海浦东国际机场整体航空货运的发展。

9.5 航空港物流

航空运输货物一般具有高货值、高时效的特点，货物种类通常为电子产品、精密仪器、医药产品、快消类以及其他贵重物品等。以香港—东莞空港中心为例，其发挥了虎门港综合保税区和东莞港的优势，允许综合保税区的保税货物与非保税货物（一般贸易、市场采购、跨境电商出口等）混拼出口，简化通关手续，有效适应了粤港澳大湾区电子制造等高附加值产业对航空运输日益迫切的需求，为东莞高端制造业产品提供新的航空物流通道。同时，加快探索导入香港的自由港政策，也将促进芯片制造、医疗器械、高端仪器等产业在东莞加快集聚，推动更多优质企业在东莞布局设立贸易结算中心、采购中心、检测维修中心、销售服务中心等。

以枢纽机场为核心，整合客货资源、资金信息资源设立临空经济区，发展临空经济，打造临空制造业产业集群以及航空运输相关的产业集群，进而打造航空新城区。截至2020年7月，我国先后批复郑州、北京大兴、青岛、重庆、上海虹桥、广州、成都天府、长沙、贵阳、杭州、宁波、西安、南京、北京首都、长春、南宁16个临空经济示范区。以郑州新郑国际机场为例，2013年3月，国务院批复设立郑州航空港经济综合实验区后，其定位为国际航空物流中心、以航空经济为引领的现代化产业基地、内陆地区对外开放重要门户、现代航空都市、中原经济区增长极。打造以郑州新郑国际机场为核心的综合交通枢纽，融合航空、高速铁路、城市轨道交通、高速公路、城市快速路、地面公交等多种交通功能于一体。

郑州新郑国际机场2019年旅客吞吐量达到2913万人次，2021年货邮吞吐量超过70万t，货运量全国排名第六位。郑州航空港经济试验区地区生产总值在2022年实现1208亿元人民币，初步形成了以航空物流、电子信息、生物医药、新能源汽车、航空制造、现代服务业为支撑的现代产业体系。电子信息业产值达到5281亿元人民币。物流产业已入驻企业400余家，构建了服务航空运输的现代物流产业体系，形成了电子产品和高端汽车零配件分拨中心、时尚服装分拨基地，以及生鲜冷链、快邮件和跨境电商等新兴产业的集聚；建成肉类、活牛、水果、冰鲜水产品、食用水生动物、邮件、药品七个功能性口岸。郑州航空港经济试验区初步形成了三大千亿级产业集群：一是以富士康为头雁的智能终端产业集群，二是以兴港新能源为龙头的新能源产业集群，三是以超聚变为核心的服务器产业集群。并形成了多个百亿级产业集群，如生物医药、半导体、智能装备、航空制造及服务、新基建、航空物流、跨境电商等产业集群。

发展临空经济区必须建立以航空运输为主体的综合交通枢纽。机场通过不断完善客货运航线网络，扩大航空物流运输辐射范围，建立多式联运体系，通过智慧化的手段及模式创新提高运转效率，并配套得力的产业扶持政策，才能最大化地发挥航空枢纽的影响力，为临空经济区的发展注入更多动力。

9.6 本章小结

本章简要介绍了机场货运交通规划相关要点，收集了部分国内外枢纽机场的货运相关数据，从货客比指标来看，中国机场的客货专业程度仍需大力提升；简要介绍了航空货运交通组织涉及的相关责任实体及航空货运的具体流程，从航空货运的基本流程上来说，国际航空运输和国内航空运输没有显著不同，但国际空运牵涉两个以上的国家，根据需要增加出入境、海关、检疫等手续。在此基础上，介绍了航空货运交通的多式联运模式，主要包括空陆联运、空铁联运及空海联运，最后简要介绍了智能货站及航空物流港两种发展模式。

总的来说，机场货运交通是非常庞杂的体系，涉及多种运输模式、多种联运模式的组合，对于不同机场，货运交通的占比和模式也有较大不同。因此，在枢纽机场综合交通规划中，主要关注货运交通规划中多种联运模式的发展对机场枢纽综合交通规划的影响。

结语

在本书结尾之际，站在2024年回看近年来国内民航运输行业的发展及民航枢纽机场的规划建设，国内民航运输行业经历了疫情前的高歌猛进，也经历了疫情时期的艰难，疫情后的民航运输业面临利润率下降、运营成本不断增高、债务偿还压力增大等新的挑战，这是所有民航从业者需要思考的问题。

本书引用了部分枢纽机场设计案例，重现了这些枢纽机场改扩建的规划设计过程，使读者能够基本了解国内枢纽机场在规划建设中所面对的主要问题及基本的解决路径。我们需要意识到，不同枢纽机场面临的外部条件、建设契机、城市环境等均有较大差别，在针对具体枢纽机场开展规划设计时，仍然要基于机场的个体条件进行全面、系统的分析。

限于篇幅，枢纽机场综合交通仍然有很多方向及领域需要关注并开展后续拓展研究。例如空侧交通相关规划和交通组织直接影响旅客出行体验，应该引起重视；陆侧交通中网约车服务越来越重要，近年来出现的自动驾驶、无人驾驶网约车、定制线路巴士等新型交通方式对枢纽机场交通规划的影响应该引起关注；空铁联运的适应性及港城一体化的交通融合等问题也应该进行更加深入、细化的探讨。因此，在枢纽机场综合交通规划时要适度“留白”，在设施设计中多考虑空间、功能的可转换性，预留远期发展的可能性及适应性。

感谢徐铖、王万鹏、郑文昌、陆发嵘、黄平、李勇、魏艳艳等同事参与本书相关章节编写、案例收集调研、图片绘制整理、文字校对等工作，感谢为本书提供支持和帮助的朋友们。本书在编写过程中引用了部分枢纽机场设计案例，在这里感谢相关案例成果资料的编写单位、提供单位；部分案例如在引用出处时表述不正确或不完整，可及时与作者联系，我们将修改相应内容。

参考文献

图书专著

［1］ 吴念祖．虹桥综合交通枢纽开发策略研究［M］．上海：上海科学技术出版社，2009.

［2］ 吴念祖．图解虹桥综合交通枢纽：策划、规划、设计、研究［M］．上海：上海科学技术出版社，2008.

［3］ 刘武君．航空港规划［M］．上海：上海科学技术出版社，2013.

期刊论文

［1］ 郑文昌．机场出发车道边布局模式及规模分析［J］．交通与运输，2021，37（5）：12-15.

［2］ 刘艺．关于枢纽型机场空铁联运发展的研究［J］．交通与运输（学术版），2016（1）：123-126，135.

［3］ 张国华，欧心泉，周乐．大型空港枢纽构建中轨道交通规划设计关键技术［J］．都市快轨交通，2013，26（1）：8-11.

［4］ 刘武君．国外机场地区综合开发研究［J］．国外城市规划，1998（1）：31-36.

［5］ 商璐．基于仿真技术的萧山机场交通中心规划设计［J］．交通与运输，2020，36（2）：6-10.

［6］ 王万鹏．机场陆侧道路交通改造关键技术问题研究［J］．城市道桥与防洪，2020（7）：51-53，11.

［7］ 杨立峰．大型机场航站区陆侧道路交通组织与规划研究［J］．交通与运输（学术版），2018（1）：1-5.

［8］ 第五博，张栩诚，张睿．机场综合交通中心构型布局及流线组织［J］．工业建筑，2018，48（12）：27-30，108.

［9］ 欧阳杰，孙玉龙．机场地面交通中心与航站楼布局模式研究［J］．城市轨道交通研究，2015，18（9）：25-30.

［10］柳伍生，周和平．机场陆侧出发层车道边通行能力分析［J］．交通科学与工程，2010，26（2）：98-102.

［11］陆迅，朱金福，唐小卫．航站楼车道边容量评估与优化［J］．哈尔滨工业大学学报，2009，

41（9）：96–99，135.

［12］蔡子良，黄全琴. 航站楼车道边设施及服务评价模型［J］. 江苏航空，2016（2）：3.

［13］杨杰. 机场车道边设计要点及运行特性分析［J］. 中外建筑，2015（7）：129–132.

［14］宿百岩，刘海迅. 机场航站楼前车道边建设管理研究［J］. 中国民用航空，2010（9）：40–43.

［15］黎晴，陈小鸿. 机场陆侧交通问题的研究［J］. 华东公路，2005（5）：7.

［16］欧阳杰，李相志，邓海超. 机场陆侧交通设施竖向布局模式研究［J］. 城市轨道交通研究，2017，20（10）：53–57.

［17］刘淑敏. 空港型综合交通枢纽陆侧交通系统关键技术问题研究［J］. 现代交通技术，2017，14（6）：58–60.

［18］李佳川，许兵，黄金平，等. 虹桥商务区：打造世界一流水准CBD［J］. 上海党史与党建，2018（11）：19–23.

［19］彭芳乐，乔永康，李佳川. 上海虹桥商务区地下空间规划与建筑设计的思考［J］. 时代建筑，2019（5）：34–37.

［20］杨立峰，吴宏娜，甘黎萍. 虹桥枢纽与虹桥商务区十年交通发展回顾［J］. 城市交通，2021，19（3）：42–50.

［21］石学刚，周琳. 后疫情时代提升我国国际航空货运能力的对策建议［J］. 综合运输，2020，42（12）：6.

［22］欧阳杰，尚芮，梁旭. 快件空铁联运组织模式及联运站场布局研究［J］. 铁道运输与经济，2021，43（9）：108–115.

［23］陈东杰. 上海虹桥枢纽超大型轨道交通综合体［J］. 时代建筑，2009（5）：38–43.

［24］张胜，黄岩. 上海虹桥综合交通枢纽总体设计［J］. 上海建设科技，2007（5）：1–6.

［25］陈睿颖，陈泽生. 香港机场APM运营与维修模式调研与思考［J］. 交通与运输，2018，34（4）：41.

［26］赵明明. 多航站区背景下的枢纽机场地面交通规划研究［D］. 天津：中国民航大学，2017.

［27］黄诗轶. 多航站区分区运行方案设计与评估研究［D］. 德阳：中国民用航空飞行学院，2022.

［28］秦灿灿. 大型机场旅客集疏运体系规划研究［D］. 上海：同济大学，2008.

［29］王茹. 机场航站楼车道边容量评估［D］. 天津：中国民航大学，2016.

［30］李子璇. 作为虹桥综合交通枢纽组成部分的虹桥国际机场发展研究［D］. 南京：南京大学，2020.

其他

[1] 赵展慧. 中国民航旅客运输量连续15年居世界第二[N]. 人民日报，2021-01-13（10）.

[2] 中国民用航空局. 2019年民航机场生产统计公报[R]. 2020.

[3] 中国民航机场建设集团公司. 北京新机场工程可行性研究报告[R]. 2014.

[4] 中国民航机场建设集团公司. 西安咸阳国际机场三期扩建工程可行性研究报告[R]. 2019.

[5] 民航机场规划设计研究总院有限公司，中国建筑设计院有限公司. 厦门新机场工程可行性研究报告[R]. 2021.

[6] 中国建筑西北设计研究院有限公司，兰德龙布朗咨询公司，上海市政工程设计研究总院（集团）有限公司. 西安咸阳国际机场三期扩建综合交通中心研究[R]，2020.

[7] 上海市政工程设计研究总院（集团）有限公司. 厦门翔安国际机场一期建设项目航站区陆侧道路及市政配套设施工程初步设计[R]. 2021.

[8] 上海市政工程设计研究总院（集团）有限公司. 西安咸阳国际机场西航站区停车场综合整治工程初步设计[R]. 2019.

[9] 上海市政工程设计研究总院（集团）有限公司. 西安咸阳国际机场三期扩建工程陆侧交通初步设计[R]. 2020.

[10] 华东建筑设计研究院有限公司，中铁第四勘察设计院集团有限公司，上海现代建筑设计（集团）有限公司，上海市政工程设计研究总院（集团）有限公司，等. 上海虹桥综合交通枢纽规划设计研究报告[R]. 2007.

[11] 上海市政工程设计研究总院（集团）有限公司. 东京羽田国际机场考察报告[R]. 2023.

[12] 上海市政工程设计研究总院（集团）有限公司. 新加坡樟宜国际机场考察报告[R]. 2023.

[13] 中国民用航空局运输司. 关于加强国家公共航空运输体系建设的若干意见[Z]. 2008.

[14] 刘艺，杨立峰，魏艳艳. 大型空铁联运枢纽规划与设计关键技术研究[Z]. 2020.

[15] 杨立峰，等. 大型机场主要交通设施规划设计关键技术研究[Z]. 2018.

[16] 上海市政工程设计研究总院（集团）有限公司. 香港国际机场“机场城市”发展项目的最新发展[Z]. 2023.

[17] 中国民用航空局. 运输机场航站楼规划设计技术要求（意见征求稿）[S]. 2023.

[18] 中华人民共和国住房和城乡建设部. 民用航空工程术语标准（意见征求稿）[S]. 2022.

[19] 中国民用航空局. 四型机场建设导则：MH/T 5049—2020[S]. 北京：中国民航出版社有

限公司，2020.

［20］中国民用航空局．运输机场总体规划规范：MH/T 5002—2020［S］．北京：中国民航出版社有限公司，2020.

［21］国家铁路局．铁路车站及枢纽设计规范：TB 10099—2017［S］．北京：中国铁道出版社，2017.

［22］国家铁路局．城际铁路设计规范：TB 10623—2014［S］．北京：中国铁道出版社，2014.

［23］国家铁路局．高速铁路设计规范：TB 10621—2014［S］．北京：中国铁道出版社，2014.

［24］中国城市轨道交通协会．城市轨道交通分类：T/CAMET 00001—2020［S］．北京：中国铁道出版社，2020.

［25］中华人民共和国交通运输部．综合客运枢纽分类分级：JT/T 1112—2017［S］．北京：人民交通出版社，2017.

［26］章建庆，陈祥，田杰，等．浦东国际机场旅客捷运系统总体设计［C］//上海空港——2020年度论文合集．上海市政工程设计研究总院（集团）有限公司，2020：7.

［27］高胜庆，王亚洁，潘昭宇，等．大型空港枢纽临空区交通体系规划［C］//中国城市规划学会城市交通规划学术委员会．2017中国城市交通规划年会论文集．中国城市和小城镇改革发展中心，中国城市和小城镇改革发展中心综合交通所，2017：11.